普及食品安全知识
造福百姓健康生活

壬辰夏日 徐延豪书

徐延豪 医学博士、教授，中国科学技术协会党组副书记、副主席、书记处书记，十一届全国政协委员。

中国工程院陈君石院士题词

食品安全无小事
安全保障大如天

陈君石

2011.6

陈君石 曾任中国预防医学科学院营养与食品卫生研究所副所长，中国毒理学会副理事长。现任中国疾病预防控制中心营养与食品安全所研究员，卫生部全国食品卫生标准委员会主任，为我国食品毒理学学科的创始人之一，是国内外享有盛誉的营养和食品安全专家。

食品安全与营养健康科普系列

沈立荣　孔村光／编

公众食品安全
知识解读

（第二版）

中国轻工业出版社

图书在版编目（CIP）数据

公众食品安全知识解读 / 沈立荣，孔村光编. —2版.
—北京：中国轻工业出版社，2016.8
（食品安全与营养健康科普系列）
ISBN 978-7-5184-0901-3

Ⅰ.①公… Ⅱ.①沈… ②孔… Ⅲ.①食品安全－基本
知识 Ⅳ.①TS201.6

中国版本图书馆CIP数据核字（2016）第078598号

责任编辑：苏 杨　　策划编辑：李亦兵 苏 杨
文字编辑：方朋飞　　责任终审：劳国强　　封面设计：锋尚设计
版式设计：锋尚设计　　责任校对：吴大鹏　　责任监印：张 可

出版发行：中国轻工业出版社（北京东长安街6号，邮编：100740）
印　　刷：三河市万龙印装有限公司
经　　销：各地新华书店
版　　次：2016年8月第2版第1次印刷
开　　本：720×1000　1/16　印张：14.5
字　　数：280千字
书　　号：ISBN 978-7-5184-0901-3　定价：28.00元
邮购电话：010-65241695　传真：65128352
发行电话：010-85119835　85119793　传真：85113293
网　　址：http://www.chlip.com.cn
Email：club@chlip.com.cn
如发现图书残缺请直接与我社邮购联系调换
151277K1X201ZBW

第一版序言
First Edition Preamble

　　食品安全重于泰山。民以食为天，食以安为先，食品安全关乎十三亿人民的身体健康和生命安全，是事关每个家庭、每个人的重大基本民生问题。党中央和国务院对解决食品安全问题十分重视，全国人大颁布《中华人民共和国食品安全法》，国务院颁布《食品安全法实施条例》，国家相关部门先后推出了一系列加强食品安全监管的新政策，设立国务院食品安全委员会，开展了一系列食品安全专项治理和整顿。

　　食品安全科普宣传形势逼人。应该看到，我国食品产业素质不高，食品生产经营主体点多面广，小、散、乱特点突出，食品行业诚信缺失、非法添加等犯罪行为加大了食品安全监管的难度。同时，我国公众对食品安全知识还缺乏科学认知，引导公众理解食品安全工作具有长期性、艰巨性和复杂性。近年来，我国食品安全形势依然严峻，食品安全事故屡见报端，成为人民群众高度关注和迫切要求解决的突出问题。2011年5月，国务院食品安全委员会办公室颁布《食品安全宣传教育工作纲要（2011—2015年）》（以下简称《纲要》），要求通过广泛普及食品安全法律法规和科学知识，强化食品生产经营者的诚信守法经营意识和质量安全管理水平，提高社会公众的食品安全意识和预防应对风险能力，营造人人维护食品安全的良好氛围。2012年6月，中国科学技术协会和国务院食品安全委员会办公室共同制定和颁布《食品安全科普宣传大纲》（以下简称《大纲》），对于广泛普及食品安全相关知识，促进公众建立科学的食品消费理念和食品安全观念，提高食品安全意识和预防、应对风险的能力，提升公众科学素质具有重要意义。

　　《公众食品安全知识解读》的出版是我国食品安全科普的迫切需要。在加强监管、坚决严厉依法打击食品安全违法犯罪的同时，着力提升整个食品行业的道德诚信素质，这是实现食品安全形势持续稳定好转的根本基础。《纲要》明确要求，有关部门、行业组织和生产经营单位要严格落实"先培训、后上岗"的制度，生产经营单位负责人和主要从业人员每人每年接受食品安全法律法规、科学知识和行业道德伦理等方面的集中培训不得少于40小时，每名食品安全监管人员每年也要接受不少于40小时的集中专业培训。《纲要》还要求建立起食品安全宣传教育工作的长效机制，形成政府、企业、行业组织、专家、消费者和媒体共同参与的工作格局，在2015年年底前将社会公众食品安全基本知识知晓率提高到80%以上，将中小学学生食品安全基本知识知晓率提高到85%以上。同时《大纲》指出，食品安全科普宣传应注重普遍性、科学性和针对性。要坚持面向全社会普及食品安全知识，促进全社会食品安全基本认知的形成，营造全社会关注食品安全、参与食品安全保障的良好氛围；要坚持内容的科学性，确保宣传普及的食品安全知识科学准确，加强解疑释惑，回应社会关切，消除认识误区；要突出针对性，根据不同受众群体的特点，抓住食品安全热点问题，设计科普宣传形式和内容，增强科普宣传效果。杭州市西湖区科学技术协会组织浙江大学生物系统工程与食品科学学院有关专家，在持续开展八年之久、具有良好社会反响的社区科普宣传和研究生社会实践活动基础上，在2008年将多年食品安全科普宣传的科普报告、知识竞赛、图板展览等科普资料整理出版了《关注身边的食品安全》。《公众食品安全知识解读》是在2008年中国轻工业出版社出版的《关注身边的食品安全》一书的基础上，根据《中华人民共和国食品安全法》实施以来我国食品安全监管体系和制度的新变化，由杭州市西湖区科学技术协会主席孔村光、浙江大学生物系统工程与食品科学学院教授沈立荣主持，精心修订的食品安全科普读物。主要内容包括：最新食品安全法律法规和标准知识；食品安全违法犯罪案例分析；国内外食品安全事件点评；食品安全自我保护知识。本书从法律、道德和技术三个层面介绍食品安全知识，特别是对消费者容易被误导的食品安全认识误区作了客观分析，倡导健康的饮食方式。

　　《公众食品安全知识解读》的出版，希望能为政府、企业、行业组织、媒体等有关人员增进对食品安全知识的了解提供方便；希望能对各级科学技术协会组织和社会各方面开展食品安全科普进社区、进军营、进学校、进企业、进机关、进农村等活动提供内容支持；希望能对增强消费者的食品安全意识和自我保护能力有所裨益。

中国科学技术协会科普部部长

《全民科学素质纲要》实施工作办公室副主任

杨文志

2012年8月

第二版序言
Second Edition Preamble

　　食品是人类最直接、最重要的消费品。食品安全问题是全球共同面临的重大挑战，食品质量安全状况是一个国家经济发展水平和人民生活质量的重要标志。经过改革开放三十多年的发展，我国的食品供给格局发生了根本性的变化：品种丰富，数量充足，供给有余，食品产业体系成为我国发展最快、最具活力的国民经济支柱产业。进入21世纪以来，我国食品质量严重不足的问题逐渐突出，危及人类健康、生命安全的重大食品安全事件屡屡发生，不仅对产业发展造成重大影响，而且给人民群众生活安全带来极大威胁，成为社会广泛关注的重大民生问题。

　　我国政府历来对食品安全高度重视。随着2009年首部《中华人民共和国食品安全法》的颁布实施，我国食品安全监督保障体系基本形成，食品安全质量不断提高。但由于食品安全问题的复杂性，制约我国食品安全的深层次矛盾仍未根本解决，食品企业违法生产经营现象依然存在，重大食品安全事件仍呈高发趋势。由于监管体制、手段和制度等尚不能完全适应食品安全生产管理需要，法律责任偏轻，重典治乱威慑作用没有得到充分发挥，消费者对食品安全认可度不高，食品安全形势依然严峻。未来较长一段时间内，我国食品安全仍将面临来自微生物、环境污染、非法添加和欺诈、营养安全等带来的诸多挑战。

　　"十八大"以来，党中央、国务院进一步改革完善我国食品安全监管体制，着力建立最严格的食品安全监管制度，积极推进食品安全社会共治格局。为了以法律形式固定监管体制改革成果、完善监管制度机制，解决当前食品安全领域存在的突出问题，以法治方式维护食品安全，为最严格的食品安全监督管理提供体制制度保障，全国人大常委会从2013年10月—2015年4月，历时1年半的时间，经两次会议审议，三易其稿，修订完成新的《中华人民共和国食品安全法》。新法于2015年4月24日在第十四次会议审议后表决通过，并于2015年10月1日起正式实施。因修改力度大、处罚强度大，体现了"用最严谨的标准、最严格的监管、最严厉的处罚、最严肃的问责，确保广大人民群众'舌尖上的安全'"的要求，新法被称为"史上最严的食品安全法"，为今后我国应对食品安全面临的风险和挑战，完善监管制度机制，解决当前食品安全领域存在的突出问题，以法治方式维护食品安全提供了法律保障。

新修订的《中华人民共和国食品安全法》以"预防为主、风险管理、全程控制、社会共治"为理念原则，在完善监管制度机制，严厉打击食品安全违法犯罪的同时，重点体现了社会共治制度创新。食品安全社会共治是以法治为保障，以道德为基石，鼓励社会力量共同参与食品安全治理，通过各种机制共同保障食品安全，构建食品安全长治久安的重要防线的有效措施，是我国食品安全监管模式改革的一个必然选择。食品安全治理体系建设任重而道远。除了党和国家的重视，政府部门的监管，生产企业的负责，还需要公众参与、媒体监督，多方协同形成合力，才能更快更好地构建食品安全体系。为此中共中央总书记、国家主席、中央军委主席习近平强调："对食品安全问题，要在加强监管、严厉打击的同时，动员全社会广泛参与，努力营造人人关心食品安全、人人维护食品安全的良好社会氛围，不断增强公众对食品安全的信心。"

但是，由于食品安全问题的复杂性，食品安全风险交流存在缺口，公众对食品安全问题的认知存在不少误区，造成了对食品安全的过度担心。为此，国务院食品安全委员会办公室于2011年发布了《食品安全宣传教育工作纲要（2011—2015年）》，中国科学技术协会和国务院食品安全委员会办公室于2012年印发了《食品安全科普宣传大纲》，确定每年6月第三周为"食品安全宣传周"，在全国范围内集中开展形式多样、内容丰富、声势浩大的食品安全主题宣传活动，通过报刊、广播、电视、互联网等各种媒体进行集中报道。要求通过广泛普及食品安全法律法规和科学知识，进一步强化食品生产经营者的诚信守法经营意识和质量安全管理水平，提高社会公众的食品安全意识和预防应对风险的能力，增强食品安全监管人员的责任意识和执法能力，营造人人关心、人人维护食品安全的良好氛围。

"传承求是精神，心系国计民生；发挥专业特长，聚焦食品安全"。食品安全科普宣传是浙江大学生物系统工程与食品科学学院和杭州市西湖区科学技术协会贯彻《中华人民共和国科学技术普及法》和《全民科学素质行动计划》，持续长达13年之久的研究生和大学生社会实践活动。由于高校重视，杭州市科学技术协会、杭州市市场监督管理局、西湖区政府部门的大力支持，通过精心组织，历届志愿者积极投入，"科普进社区""百场科普益民活动"等食品安全科普系列宣传活动已在杭州市产生了广泛的社会影响。历年来，为传播食品安全和营养科普知识，我们依托浙江大学食品学科优势，面向社会公众编印和免费发放了大量公益科普读物，积累了丰富的食品安全科普经验和资料。为进一步向全国各地读者传播食品安全知识，于2012年出版了《公众食品安全知识解读》一书。

自本书第一版出版以来，深受各地读者和科学技术协会、政府食品安全办公室和企业的欢迎，并入选国家新闻出版广电总局2013—2014年"农家书屋"重点出版物（科技类），成为非常畅销的科普读物。本次修订是在第一版的基础上，根据新修订的《中华人民共和国食品安全法》精神及首部《中华人民共和国食品安全法》实施以来我国食品安全监管体系的新变化，广泛收集各地读者的反馈意见和建议，精心组织编写的。第二版既保持了原书的风格特色，又增加了很多新的法律法规和标准知识、新的食品安全和营养知识，如转基因食品、网络食品消费知识等。本书的主要特色是从法律、道德和科学等多个层面介绍食品安全知识，特别是对消费者容易被误导的食品安全认识误区作了客观的引导分析，倡导科学健康的饮食消费方式，增强消费者的食品安全意识和自我保护能力。

希望本书的出版能促进新的《中华人民共和国食品安全法》知识的宣传普及，进一步增强公众食品营养与安全意识，提高科学素养和社会公众参与能力，以确保广大人民群众"舌尖上的安全"。

浙江大学生物系统工程与食品科学学院研究生黄涛、郑钜圣、柳丹丹、肖发参加了第一版编写工作；谌迪、陈勇、王一然、李玫璐、谭量量、翟量、周文秀、辛晓璇、张一帆、王小后参加了第二版编写工作；本书的编写和修订工作得到了浙江大学馥莉食品研究院基金项目（编号KC2013Z03，KY201404）的资助，在此表示感谢！

编　者

2016年3月于浙江大学

目 录
Contents

第二篇　食品安全基本知识

第六篇　丰富食物怎样吃

第七篇　食品安全事件怎么看

第八篇　食品安全流言终结篇

第一篇

食品安全政策法律在护航

习近平谈食品安全：食品安全问题必须引起高度关注，下最大气力抓好

2013年12月23日，习近平在中央农村工作会议上的讲话中指出："食品安全社会关注度高，舆论燃点低，一旦出问题，很容易引起公众恐慌，甚至酿成群体性事件。再加上有的事件被舆论过度炒作，不仅重创一个产业，而且弄得老百姓吃啥都不放心。'三鹿奶粉'事件的负面影响至今还没有消除，老百姓还是谈国产奶粉色变，出国出境四处采购婴幼儿奶粉，弄得一些地方对中国人限购。想到这些事，我心情就很沉重。"

"能不能在食品安全上给老百姓一个满意的交代，是对我们执政能力的重大考验。我们党在中国执政，要是连个食品安全都做不好，还长期做不好的话，有人就会提出够不够格的问题。所以，食品安全问题必须引起高度关注，下最大气力抓好。"

习近平主席强调：要抓实食品药品安全监管

2015年5月29日，习近平在中共中央政治局集体学习时强调：要切实加强食品药品安全监管，用最严谨的标准、最严格的监管、最严厉的处罚、最严肃的问责，加快建立科学完善的食品药品安全治理体系，严把从农田到餐桌、从实验室到医院的每一道防线。

要切实提高农产品质量安全水平，以更大力度抓好农产品质量安全，要完善农产品质量安全监管体系，把确保质量安全作为农业转方式、调结构的关键环节，让人民群众吃得安全放心。

食品药品安全关系到广大人民群众的身体健康和生命安全，关系到经济健康发展和社会稳定，关系到党和政府的形象和公信力，也一直是老百姓最关注、社会最敏感的话题。

抓实食品药品安全监管，就要积极推进食品安全城市和农产品质量安全县的创建，建立健全从"农田到餐桌"的安全追溯体系，强化食品安全信用体系建设，严密监控防范食品药品安全风险。

抓实食品药品安全监管，就要加强学习，不断提高执法者的综合素质，更好地完成食品药品监管任务。学习政治理论，树立科学监管理念，学习法律法规，增强依法行政能力，学习业务知识，提高识假辨假能力，为食品药品监管提供强有力的人才支撑。

抓实食品药品安全监管，就要依法行政，规范执法，公正执法，文明执法，增强执法透明度。鼓励社会力量参与监督，扩大监督面，努力形成人人监督的良好氛围。

抓实食品药品安全监管，关键是要深化食品药品监管体制改革，创新监管机制，改进监管手段，积极探索和建立长效的监管机制。围绕"一个部门管全程"，强化职能整合；"一支队伍抓执法"，强化监督力量；"一张网络来兜底"，强化基层体系；"一张清单明权责"，健全追责机制，使食品药品监管走上制度化、规范化、科学化的轨道，确保群众吃得放心、用得安全。

中央农村工作会议：确保民众"舌尖上的安全"

　　关于农产品质量和食品安全，2013年12月23日中央农村工作会议强调：能不能在食品安全上给老百姓一个满意的交代，是对我们执政能力的重大考验。食品安全源头在农产品，基础在农业，必须正本清源，首先把农产品质量抓好。要把农产品质量安全作为转变农业发展方式、加快现代农业建设的关键环节，用最严谨的标准、最严格的监管、最严厉的处罚、最严肃的问责，确保广大人民群众"舌尖上的安全"。食品安全，首先是"产"出来的，要把住生产环境安全关，治地治水，净化农产品产地环境，切断污染物进入农田的链条，对受污染严重的耕地、水等，要划定食用农产品生产禁止区域，进行集中修复，控肥、控药、控添加剂，严格管制乱用、滥用农业投入品。食品安全，也是"管"出来的，要形成覆盖从田间到餐桌全过程的监管制度，建立更为严格的食品安全监管责任制和责任追究制度，使权力和责任紧密挂钩，抓紧建立健全农产品质量和食品安全追溯体系，尽快建立全国统一的农产品和食品安全信息追溯平台，严厉打击食品安全犯罪，要下猛药、出重拳、绝不姑息，充分发挥群众监督、舆论监督的重要作用。要大力培育食品品牌，用品牌保证人们对产品质量的信心。

《食品安全法》的前世今生

　　1952年　《食物成分表》出版，提出膳食营养素需要量推荐标准。

　　1953年　《清凉饮食品卫生管理暂行办法》颁布。

　　1955年　卫生部、中华全国总工会联合发布《食堂卫生管理暂行办法》。

　　1959年　《关于肉品卫生检验试行规程》颁发，在全国范围内把肉品检验纳入统一规程。

　　1960年　国务院批转《食用染料管理办法》，规定只允许使用5种（苋菜红、胭脂红、柠檬黄、苏丹黄、靛蓝）合成色素。

1965年 国务院批准《食品卫生管理试行条例》。

1983年 《中华人民共和国食品卫生法（试行）》颁布。

1995年 《中华人民共和国食品卫生法》正式施行。

2006年 修订《食品卫生法》被列入年度立法计划。此后，将修订《食品卫生法》改为制定《食品安全法》。

2007年 《食品安全法（草案）》首次提请全国人民代表大会常务委员会审议。

2008年 《食品安全法（草案征求意见稿）》公布。后因"三聚氰胺"事件爆发，又进行多方面修改。

2009年 《中华人民共和国食品安全法》在第十一届全国人大常委会第七次会议上高票通过，并于同年6月1日正式施行。《中华人民共和国食品卫生法》同时废止。

2013年 最高人民法院、最高人民检察院发布《关于办理危害食品安全刑事案件适用法律若干问题的解释》，加大对危害食品安全犯罪的打击力度。

2013年 《食品安全法（修订草案送审稿）》公开征求意见。在此基础上形成的修订草案经国务院第47次常务会议讨论通过。

2014年6月，《中华人民共和国食品安全法》首次大修，并提交第十二届全国人大常委会一审；同年12月，《中华人民共和国食品安全法（修订草案）》提交第十二届全国人大常委会二审。

2015年4月20日，《中华人民共和国食品安全法（修订草案）》提交第十二届全国人大常委会三审。

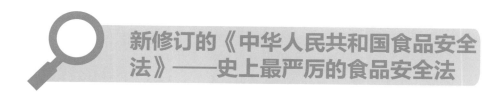

新修订的《中华人民共和国食品安全法》——史上最严厉的食品安全法

近年来，国内的食品安全事件频频发生。2008年，三鹿等多个厂家的奶粉都被检出含有三聚氰胺。"毒奶粉"一时间成为笼罩在人们心头的一层阴影。

此后几年间，从"瘦肉精"、苏丹红、地沟油到"掺假羊肉""毒生姜"等，人们"舌尖上的安全"一再失守，食品安全问题成了悬在整个中国社会头上的达摩克利斯之剑。2015年4月24日，第十二届全国人大常委会第十四次会议以160票赞成、1票反对、3票弃权，表决通过了新修订的《中华人民共和国食品安全法》，引发了人们的广泛关注。这部经第十二届全国人大常委会第九次会议和第十二次会议两次审议、三易其稿的新版《中华人民共和国食品安全法》（以下简称《食品安全法》）于2015年10月1日起正式实施，内容由原来的104条变为154条，增加了50条。由于修改力度颇大，各项规定的广泛程度和处罚力度也明显加大，新版《食品安全法》也被人们称为"史上最严"的《食品安全法》。主要亮点包括以下几方面。

一、修改力度大

新《食品安全法》充分体现了"预防为主、风险管理、全程控制、社会共治"的理念原则，从八个方面强化了制度构建：第一，完善统一权威的食品安全监管机构；第二，明确建立最严格的全过程监管制度；第三，更加突出预防为主、风险防范；第四，实行食品安全社会共治；第五，突出对特殊食品的严格监管；第六，加强了对农药的管理；第七，加强了对食用农产品的管理；第八，建立最严格的法律责任制度。

二、处罚强度大

第一，为强化对违法犯罪分子惩处的力度，对因食品安全犯罪被判处有期徒刑以上刑罚的，终身不得从事食品生产经营的管理工作。

第二，强化了行政法律责任的追究。新增加了行政拘留的处罚，原《食品安全法》中没有这项规定，没有对违反食品安全法的行为做出限制人身自由的处罚。有些违法者往往不怕罚，但是怕被关、怕抓人，针对这个情况，新《食品安全法》对违法添加非食用物质、经营病死畜禽、违法使用剧毒、高毒农药等屡禁不止的严重违法行为，增加了行政拘留的处罚。

第三，大幅度提高了行政罚款的额度。社会各界都说，原来罚款数额太低。在新《食品安全法》中对一些违法行为处罚的额度大幅度提高。比如，对生产经营添加药品的食品，生产经营营养成分不符合国家标准的婴幼儿配方乳粉等违法行为，原《食品安全法》规定，最高可以处罚货值金额10倍的罚款，新版《食品安全法》就规定最高可以处罚货值30倍的罚款，处罚的额度有大幅度的提高。

第四，对重复的违法行为增设了处罚的规定。针对多次、重复被罚而不改正的问题，新版《食品安全法》又增设了新的法律责任，要求食品药品监管部门对在一年内累计三次因违法受到罚款、警告等行政处罚的食品生产经营者给予责令停产停业直至吊销许可证的处罚。

第五，对非法提供场所的行为增设了处罚。为了加强源头监管、全程监管，对明知从事无证生产经营或者从事非法添加非食用物质等违法行为，仍然为其提供生产经营场所的行为，也要进行处罚。也就是说即使你没有做，但是你知道对方有这种违法行为，仍然租了房子给对方，新版《食品安全法》明确规定，食品药品监管部门也要对你进行处罚。

第六，强化了民事法律责任的追究。

一是增设了消费者赔偿首负责任制。修改后的《食品安全法》强化了消费者权益的保护，要求食品生产和经营者接到消费者的赔偿请求以后，应该实行首负责任制，先行赔付，不得推诿。

二是完善了惩罚性的赔偿制度，实行在10倍价款惩罚性的赔偿基础上，增设了消费者可以要求支付损失3倍的赔偿金的惩罚性赔偿。

三是强化了民事连带责任。在原《食品安全法》对集中交易市场的开办者规定了连带责任的基础上，修改后的《食品安全法》对网络交易第三方平台提供者未能履行法定义务，食品检验机构出具虚假检验报告，认证机构出具虚假的论证结论，使消费者合法权益受到损害的，也要求与生产经营者承担连带责任。

四是强化了编造、散布虚假食品安全信息的民事责任。修改后的《食品安全法》增加了条款，要求编造、散布虚假食品安全信息的媒体承担赔偿责任，原《食品安全法》是没有这方面规定的。

三、重典治乱

2015年5月14日，国务院总理李克强主持召开国务院常务会议，会议通过了《中华人民共和国食品安全法（修订草案）》。会议指出：保障食品安全关系每个消费者切身利益。修订《食品安全法》体现了党和政府对人民群众生命健康安全的高度重视。"要让违法犯罪分子承受付不起的代价""让失职、渎职人员受到躲不掉的惩处"，此次修法就是意在以重典治乱，更好地威慑、打击违法行为。

修订草案重点作了以下几方面的完善：一是对生产、销售、餐饮服务等各环节实施最严格的全过程管理，强化生产经营者主体责任，完善追溯制度。二是建立最严格的监管处罚制度。对违法行为加大处罚力度，构成犯罪的，依法严肃追究刑事责任。加重对地方政府负责人和监管人员的问责。三是健全风险监测、评估和食品安全标准等制度，增设责任约谈、风险分级管理等要求。四是建立有奖举报和责任保险制度，发挥消费者、行业协会、媒体等监督作用，形成社会共治的格局。

对农药的使用实行严格的管理制度
瓜果蔬菜禁用剧毒高毒农药

　　第四十九条　食用农产品生产者应当按照食品安全标准和国家有关规定使用农药、肥料、兽药、饲料和饲料添加剂等农业投入品，严格执行农业投入品使用安全间隔期或者休药期的规定，不得使用国家明令禁止的农业投入品。禁止将剧毒、高毒农药用于蔬菜、瓜果、茶叶和中草药材等国家规定的农作物。

　　第一百二十三条　违法使用剧毒、高毒农药的，除依照有关法律、法规规定给予处罚外，可以由公安机关依照第一款规定给予拘留。

　　解读：食用农产品是食品安全的源头，农药的管理对于保障食品安全至关重要。新版《食品安全法》加强了对农药的管理，体现了我国对剧毒、高毒农药严厉监管的决心。在审议中，有部分常委会组成人员建议明确全面淘汰剧毒、高毒农药。但由于全面淘汰剧毒、高毒农药尚不可行，全国人大法律委员会研究提出，当前应当加强对剧毒、高毒农药使用环节的管理，同时加快有关替代产品的研发推广。

保健食品应标明不能代替药物

第七十八条　保健食品的标签、说明书不得涉及疾病预防、治疗功能，内容应当真实，与注册或者备案的内容相一致，载明适宜人群、不适宜人群、功效成分或者标志性成分及其含量等，并声明"本品不能代替药物"。保健食品的功能和成分应当与标签、说明书相一致。

解读：保健食品首先必须是食品，必须无毒无害。保健食品应具备两个基本特征：一是安全性，对人体不产生任何急性、亚急性或慢性危害；二是功能性，对特定人群具有一定的调节作用，但与药品有严格的区分，不能治疗疾病，不能取代药物对病人的治疗作用。

鉴于我国添加中药材的保健食品较多，在前两次审议稿针对保健食品的原料、保健食品的注册和备案等方面作出规定的基础上，提交三审的草案再次加强了对保健食品标签、说明书的管理。这有利于整肃保健食品非法生产、非法经营、非法添加和非法宣传等乱象。

婴幼儿配方乳粉配方注册管理
生产全程质量控制　不得分装

第八十一条　婴幼儿配方食品生产企业应当实施从原料进厂到成品出厂的全过程质量控制，对出厂的婴幼儿配方食品实施逐批检验，保证食品安全。

婴幼儿配方乳粉的产品配方应当经国务院食品药品监督管理部门注册。注册时，应当提交配方研发报告和其他表明配方科学性、安全性的材料。

不得以分装方式生产婴幼儿配方乳粉，同一企业不得用同一配方生产不同品牌的婴幼儿配方乳粉。

解读："三聚氰胺"事件后，婴幼儿食品安全问题成为食品安全领域的焦点，新版《食品安全法》也对婴幼儿配方食品生产进行了修订。为确保安全，新版《食品安全法》实行注册管理。注册不是简单的备案，注册意味着要进行审查。加强对配方的管理，体现了立法者对婴幼儿食品安全问题的重视。目前我国婴幼儿配方乳粉的配方过多、过滥，全国有近1900个配方，平均每个企业有20多个配方，远高于国外同类企业一般只有2～3个配方的情况。

删去原《食品安全法》"不得以委托、贴牌方式生产婴幼儿配方乳粉"，保留"不得以分装方式生产婴幼儿配方乳粉"。"不得以分装方式生产婴幼儿配方乳粉"这一规定也很重要，该条款要解决的就是二次污染的问题，企业或者进口或者采购原料生产，或者直接进口已经分装好的奶粉，避免二次污染造成对婴儿的伤害。

医学用途配方食品应经监管部门注册

第八十条　特殊医学用途配方食品应当经国务院食品药品监督管理部门注册。注册时，应当提交产品配方、生产工艺、标签、说明书以及表明产品安全性、营养充足性和特殊医学用途临床效果的材料。

销售食用农产品无需取得许可

第三十五条　国家对食品生产经营实行许可制度。从事食品生产、食品销售、餐饮服务，应当依法取得许可。但是，销售食用农产品，不需要取得许可。

解读：二审稿中要求，从事食品销售，应当依法取得许可。但农民出售其自产的食用农产品，不需取得许可。对此，三审稿结合社会公众及相关部门反馈，将"农民个人销售其自产的食用农产品，不需要取得许可"，修改为"销售食用农产品，不需要取得许可"。

批发市场需抽查农产品

第六十四条　食用农产品批发市场应当配备检验设备和检验人员或者委托符合本法规定的食品检验机构，对进入该批发市场销售的食用农产品进行抽样检验；发现不符合食品安全标准的，应当要求销售者立即停止销售，并向食品药品监督管理部门报告。

解读：监督抽查的内容主要是影响农产品质量安全的农兽药、重金属、病原微生物、生物毒素、外源性非法添加物、防腐剂、保鲜剂等残留污染物及法律法规规定的生产档案记录、包装标识等强制性要求的落实情况。

完善追溯制度

第四十二条　国家建立食品安全全程追溯制度。

食品生产经营者应当依照本法的规定，建立食品安全追溯体系，保证食品可追溯。国家鼓励食品生产经营者采用信息化手段采集、留存生产经营信息，建立食品安全追溯体系。

国务院食品药品监督管理部门会同国务院农业行政主管部门等有关部门建立食品安全全程追溯协作机制。

解读：食品安全溯源体系，最早是1997年欧盟为应对"疯牛病"问题而逐步建立并完善起来的食品安全管理制度。这套食品安全管理制度由政府进行推动，覆盖食品生产基地、食品加工企业、食品终端销售等整个食品产业链条的上下游，通过类似银行取款机系统的专用硬件设备进行信息共享，服务于最终消费者。一旦食品质量在消费者端出现问题，可以通过食品标签上的溯源码进行联网查询，查出该食品的生产企业、食品的产地、具体农户等全部流通信息，明确事故方相应的法律责任。此项制度对食品安全与食品行业自我约束具有相当重要的意义。

食品安全溯源体系的建立由政府主导推动，通过食品产业链上的各方参与来进行实现。产业链主要包括：农产品生产基地、肉牛养殖基地、屠宰加工企业、食品加工企业、流通企业、零售企业、最终的食品消费者。食品安全溯源体系的建立有赖于物联网相关的信息技术。具体是通过开发出食品溯源专用的各类硬件设备应用于参与市场的各方并且进行联网互动，对众多的异构信息进行转换、融合和挖掘，实现食品安全追溯信息管理，完成食品供应、流通、消费等诸多环节的信息采集、记录与交换。

国内现行的食品安全溯源技术大致有以下三种：一种是RFID无线射频技术，在食品包装上加贴一个带芯片的标识，产品进出仓库和运输就可以自动采集和读取相关的信息，产品的流向都可以记录在芯片上；一种是二维码，消费者只需要通过带摄像头的手机扫描二维码，就能查询到产品的相关信息，查询的记录都会保留在系统内，一旦产品需要召回就可以直接发送短信给消费者，实现精准召回；还有一种是条码加上产品批次信息。

强化生产经营者主体责任

第四条　食品生产经营者对其生产经营食品的安全负责。

食品生产经营者应当依照法律、法规和食品安全标准从事生产经营活动，保证食品安全，诚信自律，对社会和公众负责，接受社会监督，承担社会责任。

解读：由于专业信息的不对称分布，无论是消费者还是监管部门，都难以全面了解并对生产经营过程实施控制。而生产经营者掌握着工艺流程、技术标准等关键信息，食品出自其控制领域，消费者和监管者均不可能实施生产经营全程监控。以食品添加剂和非食用物质的非法添加为例，目前已知的化学物质有上万种，而食品生产链条如此之长，如果其中某些环节添加了化学物质，在没有明确方向和怀疑目标的前提下，的确很难在终端产品中检测出来。何况我国有45万食品生产者、288.5万食品经营者，靠执法机关一对一"盯人"防守根本就不可能。食品生产加工是与群众健康密切相关的特殊行业，从事食品生产、流通和餐饮服务的企业是食品质量安全的责任主体。落实食品安全第一责任人制度，推进食品企业诚信体系建设，建立完善的食品生产经营者食品安全管理制度，对保障食品安全具有十分重要的意义。因此，2009年《中华人民共和国食品安全法》明确生产经营者是无可替代的食品安全"第一责任"主体，并配套以严厉的法律责任，提高违法成本，引导其注重质量、信誉，严格行为自律，从源头上保证食品安全。

企业是市场的主体，也是食品安全的责任主体。食品安全是"产"出来的，也是"管"出来的，要用最严谨的标准、最严格的监管、最严厉的处罚、最严肃的问责，确保广大人民群众"舌尖上的安全"，关键是要落实好食品生产经营企业的主体责任。2015年5月26日，国家食品药品监督管理总局发布《关于监督食品生产经营者严格落实食品安全主体责任的通告》，进一步严格落实食品生产经营者主体责任。通告对食品生产经营者明确提出生产经营主体责任要求：一是应当保证生产销售的食品符合法律、法规规定以及食品安全标准的要求，并对生产销售不符合食品安全标准的产品承担相应的法律责任；二是必须严格遵守《食品安全法》等法律法规的禁止性规定；三是应当建立严格的生产经营质量管理体系，实现食品质量安全信息可查询、来源可追溯、过程可控制、责任可追究；四是发现生产经营的食品不符合食品安全标准或有关规定要求的，应当立即停止生产和销售，按照国家食品药品监督管理总局《食品召回管理办法》规定严格制订并执行召回计划，对召回的严重危害人体健康和生命安全的不安全食品应当立即就地销毁；五是对抽检发现的不符合食品安全标准或有关规定要求的产品，应当按照法律法规规定停止生产销售并主动召回，接受食品药品监管部门的调查处理，排查问题、分析原因、认真整改，经监管部门综合评估后才能恢复生产。

网络食品监管纳入新法

第六十二条　网络食品交易第三方平台提供者应当对入网食品经营者进行实名登记，明确其食品安全管理责任；依法应当取得许可证的，还应当审查其许可证。

解读：新版《中华人民共和国食品安全法》强调了第三方平台的责任，不仅要审查许可证，对违法商户还要及时制止、报告、停止服务，这会促使第三方平台加强审核。第三方平台主动监管是个途径，消费者的举报也是个途径。消费者向第三方平台举报入网经营者有违法行为并有确切证据，也应该视为第三方平台已经"发现"，第三方平台应该进行调查，并承担起法律规定的义务。

网购已成为我国居民日常消费的主要方式之一。截至2014年12月，中国网络零售市场交易规模达到了约2.8万亿元，较2013年增长了49.7%。其中，食品网购比例增加快速，40%的中国网购者购买过食品。

但网购回来的食品有问题该怎么办？此次的新版《中华人民共和国食品安全法》同样将网购食品纳入了监管范围，并作出网络食品交易第三方应当对入网食品经营者进行实名登记并明确其食品安全管理责任，消费者通过网络食品交易第三方平台购买食品，其合法权益受到损害的，可以向入网食品经营者或者食品生产者要求赔偿等明确规定。

食品添加剂有新规

第三十九条 国家对食品添加剂生产实行许可制度。

解读：我国此前只针对食品生产、经营设立了许可制度，没有为食品添加剂生产设立专门制度，这一新增制度很有必要。食品添加剂的安全是食品安全的重要一环，目前生产食品添加剂的企业，既有按照标准生产的合法企业，也有一些企业仍属于小作坊，完全不按照相关标准生产，市场上的食品添加剂也良莠不齐，因此需要从生产环节进行控制。

把食品安全风险管理提高到重要位置
更加重视风险监测

未来食品安全的监管体制还是需要通过风险监测，提出风险预警，进行风险管理，通过这种形式对食品安全事件进行有的放矢的监管，使食品安全事件尽可能少发生或不发生。

第十四条　国家建立食品安全风险监测制度，对食源性疾病、食品污染以及食品中的有害因素进行监测。

第十七条　国家建立食品安全风险评估制度，运用科学方法，根据食品安全风险监测信息、科学数据以及有关信息，对食品、食品添加剂、食品相关产品中生物性、化学性和物理性危害因素进行风险评估。

解读：食品安全风险监测　根据卫生部2010年颁布的《食品安全风险监测管理规定（试行）》：食品安全风险监测是指系统和持续地收集食源性疾病、食品污染以及食品中有害因素的监测数据及相关信息，并进行综合分析和及时通报的活动。开展食品安全风险监测能够及时获取有关食品安全风险的信息，对食品中的有害因素，做到早发现、早评估、早预防、早控制，减少食品污染和食源性疾病的危害。为了保证食品安全，目前许多发达国家都建立了食品安全风险监测制度。

食品安全风险监测的目的

一是通过风险监测，了解我国食品安全整体状况，科学评价食品污染和食源性疾病对健康带来的危害及其造成的经济负担，为有效制定食品安全管理政策提供技术依据。

二是通过风险监测，掌握国家或地区特定食品及特定污染物的水平，掌握污染物的变化趋势，开展风险评估并适时制定、修订食品安全标准，指导食品生产经营企业做好食品安全管理。

三是通过风险监测，从一个侧面反映一个地区食品安全监管工作的水平，指导确定监督抽检重点领域，评价干预措施效果，为政府食品安全监管提供科学信息。

四是通过风险监测，指导科学发布食品安全信息，客观评价并发布食品安全情况，科学宣传食品安全知识，维护人民群众的知情权，增强国内消费者信心，促进国际食品贸易发展。

食品安全风险评估　指对食品、食品添加剂中生物性、化学性和物理性危害对人体健康可能造成的不良影响所进行的科学评估，包括危害识别、危害特征描述、暴露评估、风险特征描述等。该方法被国际社会广泛采用。自2010

年起，我国全面实施了国家食品安全风险监测计划，初步建立了覆盖全国的食品安全风险监测体系，成立了国家食品安全风险评估专家委员会和食品安全国家标准审评委员会，制定实施了风险监测评估相关制度，完成了一系列应急和常规风险评估任务。

编造、散布虚假食品安全信息要受处分、罚款、治安管理处罚、判刑

第一百二十条　任何单位和个人不得编造、散布虚假食品安全信息。

广告经营者、发布者设计、制作、发布虚假食品广告，使消费者的合法权益受到损害的，应当与食品生产经营者承担连带责任。

社会团体或者其他组织、个人在虚假广告或者其他虚假宣传中向消费者推荐食品，使消费者的合法权益受到损害的，应当与食品生产经营者承担连带责任。

违反本法规定，食品药品监督管理等部门、食品检验机构、食品行业协会以广告或者其他形式向消费者推荐食品，消费者组织以收取费用或者其他牟取利益的方式向消费者推荐食品的，由有关主管部门没收违法所得，依法对直接负责的主管人员和其他直接责任人员给予记大过、降级或者撤职处分；情节严重的，给予开除处分。

对食品作虚假宣传且情节严重的，由省级以上人民政府食品药品监督管理部门决定暂停销售该食品，并向社会公布；仍然销售该食品的，由县级以上人民政府食品药品监督管理部门没收违法所得和违法销售的食品，并处二万元以上五万元以下罚款。

第一百四十一条　违反本法规定，编造、散布虚假食品安全信息，构成违反治安管理行为的，由公安机关依法给予治安管理处罚。

媒体编造、散布虚假食品安全信息的，由有关主管部门依法给予处

罚，并对直接负责的主管人员和其他直接责任人员给予处分；使公民、法人或者其他组织的合法权益受到损害的，依法承担消除影响、恢复名誉、赔偿损失、赔礼道歉等民事责任。

《中华人民共和国刑法》第221条规定：捏造并散布虚伪事实，损害他人的商业信誉、商品声誉，给他人造成重大损失或者有其他严重情节的，处二年以下有期徒刑或者拘役，并处或者单处罚金。

解读：为推动食品网络环境健康发展，打击食品谣言，由新华网主办的"2015净化网络环境，打击食品谣言"研讨会在京举行。会上，国家食品药品监督管理总局新闻司副司长申敬旺表示，"由于消费者和科学真相之间的'信息真空'造成的误读、误解、误信，公众更容易受到谣言的影响，客观上进一步加深了公众对于食品安全的忧虑，削弱了消费者的信心，影响食品产业健康发展"。中央网络安全和信息化领导小组办公室（以下简称"网信办"）网络社会工作局副局长范小伟指出："网络谣言是网络的一大公害"。他还指出："特别是要揪出一批屡次制造、散布重大食品谣言的违法犯罪分子，依法依规予以严惩，形成震慑效应。"

与会企业代表双汇、肯德基、可口可乐等食品行业大企业一致诉苦，"饮料含有肉毒杆菌可致白血病""肯德基的鸡有六个翅膀""可口可乐含有禁药"……这些令人啼笑皆非的谣言成为"大规模杀伤性武器"，最终危害的是每一个消费者的切身利益。

近期，深受谣言之害的食品饮料行业终于听到了好消息：公安部正部署全国公安建立网警常态化公开巡查执法机制，提高网上见警率，惩处造谣传谣犯罪；中央网信办也在加强移动客户端的监督，最大限度压缩网络谣言的传播空间，将造谣传谣者纳入网络失信的黑名单。

科学和理性看待转基因食品

第六十九条　生产经营转基因食品应当按照规定显著标示。

解读：生产经营转基因食品应当按照规定进行标示，否则最高可处货值金额五倍以上十倍以下罚款，直至吊销许可证。体现了国家在食品安全法律制定方面更加注重公众知情权和选择权。

习总书记谈转基因食品问题

转基因是一项新技术，也是一个新产业，具有广阔发展前景。作为一个新生事物，社会对转基因技术有争论、有疑虑，这是正常的。对这个问题，我强调两点：一是要确保安全，二是要自主创新。也就是说，在研究上要大胆，在推广上要慎重。

——在中央农村工作会议上的讲话（2013年12月23日）

阳光厨房你我共监督

第五十五条　餐饮服务提供者应当制定并实施原料控制要求，不得采购不符合食品安全标准的食品原料。倡导餐饮服务提供者公开加工过程，公示食品原料及其来源等信息。餐饮服务提供者在加工过程中应当检查待加工的食品及原料。让厨房变得透明，要保证食客的饮食安全，为食品穿上安全的盔甲，那么就必须让餐馆的食物来源、操作人员和流程置于食客和法律的监管之下。

加重惩罚性赔偿　过期食品最低可索赔1000元

　　第一百四十八条　消费者因不符合食品安全标准的食品受到损害的，可以向经营者要求赔偿损失，也可以向生产者要求赔偿损失。接到消费者赔偿要求的生产经营者，应当实行首负责任制，先行赔付，不得推诿；属于生产者责任的，经营者赔偿后有权向生产者追偿；属于经营者责任的，生产者赔偿后有权向经营者追偿。

　　生产不符合食品安全标准的食品或者经营明知是不符合食品安全标准的食品，消费者除要求赔偿损失外，还可以向生产者或者经营者要求支付价款十倍或者损失三倍的赔偿金；增加赔偿的金额不足一千元的，为一千元。但是，食品的标签、说明书存在不影响食品安全且不会对消费者造成误导的瑕疵的除外。

建立食品召回制度

　　第六十三条　国家建立食品召回制度。食品生产者发现其生产的食品不符合食品安全标准或者有证据证明可能危害人体健康的，应当立即停止生产，召回已经上市销售的食品，通知相关生产经营者和消费者，并记录召回和通知情况。

　　解读：食品召回，是指食品生产者按照规定程序，对由其生产原因造成的某一批次或类别的不安全食品，通过换货、退货、补充或修正消费说明等方式，及时消除或减少食品安全危害的活动。2015年国家食品药品监督管理总局发布了《食品召回管理办法》（第12号令）（以下简称《办法》），《办法》自2015年9月1日起施行。《办法》明确食品生产经营者应当依法承担食品安全第一责任人的义务，应该建立健全相关管理制度，收集、分析食品安全信息，依法履行不安全食品的停止生产经营、召回和处置义务。食品生产者通过自检自查、公众投诉举报、经营者和监督管理部门告知等方式知悉其生产经营的食品属于不安全食品的，应当主动召回。食品生产者应当主动召回不安全食品而没有主动召回的，县级以上食品药品监督管理部门可以责令其召回。

根据食品安全风险的严重和紧急程度，食品召回分为以下三级。

一级召回：食用后已经或者可能导致严重健康损害甚至死亡的，食品生产者应当在知悉食品安全风险后24小时内启动召回，并向县级以上地方食品药品监督管理部门报告召回计划。

二级召回：食用后已经或者可能导致一般健康损害，食品生产者应当在知悉食品安全风险后48小时内启动召回，并向县级以上地方食品药品监督管理部门报告召回计划。

三级召回：标签、标识存在虚假标注的食品，食品生产者应当在知悉食品安全风险后72小时内启动召回，并向县级以上地方食品药品监督管理部门报告召回计划。标签、标识存在瑕疵，食用后不会造成健康损害的食品，食品生产者应当改正，可以自愿召回。

食品安全社会共治

社会共治应该是食品安全治理中的一个新的原则、新的理念，所谓社会共治就是治理好食品安全，加强食品安全管理不能仅依靠政府，也不能仅依靠监管部门单打独斗，应该调动社会方方面面的积极性，使大家有序参与到这项工作中来，才能够形成合力，形成好的食品安全治理的效果。

一、政府要规范食品安全信息发布，加强食品安全的宣传教育

第十条　各级人民政府应当加强食品安全的宣传教育，普及食品安全知识，鼓励社会组织、基层群众性自治组织、食品生产经营者开展食品安全法律、法规以及食品安全标准和知识的普及工作，倡导健康的饮食方式，增强消费者食品安全意识和自我保护能力。

第一百一十八条　国家建立统一的食品安全信息平台，实行食品安全信息统一公布制度。

县级以上人民政府食品药品监督管理、质量监督、农业行政部门依据各自职责公布食品安全日常监督管理信息。公布食品安全信息，应当做到准确、及时，并进行必要的解释说明，避免误导消费者和社会舆论。

二、行业协会要当好引导者

第九条　食品行业协会应当加强行业自律，按照章程建立、健全行业规范和奖惩机制，提供食品安全信息、技术等服务，引导和督促食品生产经营者依法生产经营，推动行业诚信建设，宣传、普及食品安全知识。

三、消费者协会要当好监督者

消费者协会和其他消费者组织对违反本法规定，损害消费者合法权益的行为，依法进行社会监督。

四、举报者有奖受保护

第一百一十五条　县级以上人民政府食品药品监督管理、质量监督等部门应当公布本部门的电子邮件地址或者电话，接受咨询、投诉、举报。接到咨询、投诉、举报，对属于本部门职责的，应当受理并在法定

期限内及时答复、核实、处理；对不属于本部门职责的，应当移交有权处理的部门并书面通知咨询、投诉、举报人。有权处理的部门应当在法定期限内及时处理，不得推诿。对查证属实的举报，给予举报人奖励。

有关部门应当对举报人的信息予以保密，保护举报人的合法权益。举报人举报所在企业的，该企业不得以解除、变更劳动合同或者其他方式对举报人进行打击报复。

五、新闻媒体要当好公益性宣传员

第十条　新闻媒体应当开展食品安全法律、法规以及食品安全标准和知识的公益宣传，并对食品安全违法行为进行舆论监督。有关食品安全的宣传报道应当真实、公正。

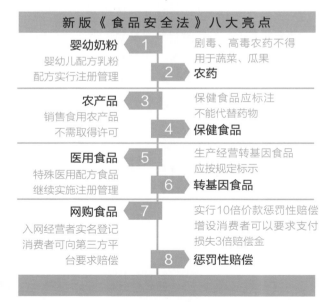

让制度"带电长牙"

新版《食品安全法》八大亮点

婴幼奶粉	1	剧毒、高毒农药不得用于蔬菜、瓜果
婴幼儿配方乳粉配方实行注册管理	2 农药	
农产品	3	保健食品应标注不能代替药物
销售食用农产品不需取得许可	4 保健食品	
医用食品	5	生产经营转基因食品应按规定标示
特殊医用配方食品继续实施注册管理	6 转基因食品	
网购食品	7	实行10倍价款惩罚性赔偿增设消费者可以要求支付损失3倍赔偿金
入网经营者实名登记消费者可向第三方平台要求赔偿	8 惩罚性赔偿	

中国科学技术协会、国务院食品安全办公室印发《食品安全科普宣传大纲》

为贯彻《全民科学素质行动计划纲要（2006—2010—2020年）》和《食品安全宣传教育工作纲要（2011—2015年）》，进一步做好食品安全科普宣传工作，中国科学技术协会和国务院食品安全委员会办公室共同制定了《食品安全科普宣传大纲》（以下简称《大纲》），并于2012年6月14日正式发布。《大纲》适用于指导各级科协、食品安全办、相关职能部门及有关社会团体和宣传媒体组织实施食品安全科普和新闻宣传工作。《大纲》作为开展食品安全科普宣传的指导性文件，其目的是提出现阶段我国食品安全科普宣传的基本内容和要求，加强对各类食品安全科普宣传工作的宏观指导，促进食品安全科普宣传工作的有效实施，推进食品安全诚信文化建设，提高公众利用科学知识指导日常生活的能力，维护公众食品安全，促进社会和谐。

《大纲》的指导原则：食品安全科普宣传应注重普遍性、科学性和针对性。要坚持面向全社会普及食品安全知识，促进全社会食品安全基本认知的形成，营造全社会关注食品安全、参与食品安全保障的良好氛围；要坚持内容的科学性，确保宣传普及的食品安全知识科学准确，加强解疑释惑，回应社会关切，消除认识误区；要突出针对性，根据不同受众群体的特点，抓住食品安全热点问题，设计科普宣传形式和内容，增强科普宣传效果。

最高公检法联合通知严惩食品安全犯罪活动

2010年9月15日：最高人民法院、最高人民检察院、公安部、司法部《关于依法严惩危害食品安全犯罪活动的通知》

公安机关对于涉嫌危害食品安全犯罪的，要及时立案，依法采取有效的刑事强制措施，快速侦破，并及时移送审查起诉。检察机关要切实做好审查批捕和起诉工作，充分履行法律监督职责，依法对行政执法机关移送涉嫌犯罪情况实行监督。法院要准确理解、严格适用法律。对危害食品安全犯罪分子的定罪量刑，不仅要考虑犯罪数额、人身伤亡情况，还要充分考虑犯罪分子的主观恶性、犯罪手段、犯罪行为对市场秩序的破坏程度、恶劣影响等。

对于危害食品安全犯罪的累犯、惯犯、共同犯罪中的主犯、对人体健康造成严重危害以及销售金额巨大的犯罪分子，要坚决依法严惩。罪当判处死刑的，要坚决依法判处死刑；要加大财产刑的适用，彻底剥夺犯罪分子非法获利和再次犯罪的资本；要从严控制对危害食品安全犯罪分子适用缓刑和免予刑事处罚。

最高人民法院通知：食品安全案件罪当判处死刑的坚决判处

最高人民法院发出通知，要求各级人民法院进一步加大力度，依法严惩危害食品安全及相关职务犯罪。

食品监管渎职罪定刑增至10年　对于致人死亡或者有其他特别严重情节，罪当判处死刑的，要坚决依法判处死刑。

重大案件须从重判处　要坚持从严司法，严厉打击食品安全领域中危害消费者利益的犯罪行为。对危害食品安全犯罪及相关职务犯罪务必依法严惩，特别是对影响恶劣、社会关注的重大危害食品安全犯罪案件，必须依法从重、从快判处。从严把握对危害食品安全的犯罪分子及相关职务犯罪分子适用缓免刑的条件。

滥用职权须从重处罚　要从严惩处涉及食品安全的职务犯罪。对于包庇、纵容危害食品安全违法犯罪活动的腐败分子，以及在食品安全监管和查处危害食品安全违法犯罪活动中收受贿赂、玩忽职守、滥用职权、徇私枉法、不履行法定职责的国家工作人员，构成犯罪的，应当依法从重处罚。

2011年5月1日起施行《中华人民共和国刑法修正案（八）》

将《刑法》第一百四十一条第一款修改为："生产、销售假药的，处三年以下有期徒刑或者拘役，并处罚金；对人体健康造成严重危害或者有其他严重情节的，处三年以上十年以下有期徒刑，并处罚金；致人死亡或者有其他特别严重情节的，处十年以上有期徒刑、无期徒刑或者死刑，并处罚金或者没收财产。"

将《刑法》第一百四十三条修改为："生产、销售不符合食品安全标准的食品，足以造成严重食物中毒事故或者其他严重食源性疾病的，处三年以下有期徒刑或者拘役，并处罚金；对人体健康造成严重危害或者有其他严重情节的，处三年以上七年以下有期徒刑，并处罚金；后果特别严重的，处七年以上有期徒刑或者无期徒刑，并处罚金或者没收财产。"

将《刑法》第一百四十四条修改为："在生产、销售的食品中掺入有毒、有害的非食品原料的，或者销售明知掺有有毒、有害的非食品原料的食品的，处五年以下有期徒刑，并处罚金；对人体健康造成严重危害或者有其他严重情节的，处五年以上十年以下有期徒刑，并处罚金；致人死亡或者有其他特别严重情节的，依照本法第一百四十一条的规定处罚。"

第四百零八条："负有食品安全监督管理职责的国家机关工作人员，滥用职权或者玩忽职守，导致发生重大食品安全事故或者造成其他严重后果的，处五年以下有期徒刑或者拘役；造成特别严重后果的，处五年以上十年以下有期徒刑。"

修正后的《刑法》，食品安全犯罪最低刑罚将变为有期徒刑；对于罚金，只提出"并处罚金"，没有规定具体数额，这也为从经济上加大处罚力度提供了操作空间。此次刑法修改，在食品安全犯罪规定中增加了一个适用条件，即除了对人体健康造成严重危害外，"或者有其他严重情节的"，也将处以相关刑罚。

国务院通知严打食品非法添加行为

国家公布食品非法添加物名单。

为严厉打击食品生产经营中违法添加非食用物质、滥用食品添加剂以及饲料、水产养殖中使用违禁药物，2011年4月，原卫生部、农业部等部门根据风险监测和监督检查中发现的问题，再次公布151种食品和饲料中非法添加名单，包括47种可能在食品中"违法添加的非食用物质"、22种"易滥用食品添加剂"和82种"禁止在饲料、动物饮用水和畜禽水产养殖过程中使用的药物和物质"的名单。

根据有关法律法规，任何单位和个人禁止在食品中使用食品添加剂以外的任何化学物质和其他可能危害人体健康的物质，禁止在农产品种植、养殖、加工、收购、运输中使用违禁药物或其他可能危害人体健康的物质。这类非法添加行为性质恶劣，对群众身体健康危害大，涉嫌生产销售有毒有害食品等犯罪，依照法律要受到刑事追究，造成严重后果的，直至判处死刑。

食品中可能违法添加的非食用物质名单

序号	名称	主要成分	可能添加的食品品种	可能的主要作用
1	吊白块	次硫酸钠甲醛	腐竹、粉丝、面粉、竹笋	增白、保鲜、增加口感、防腐
2	苏丹红	苏丹红Ⅰ	辣椒粉、含辣椒类的食品（辣椒酱、辣味调味品）	着色
3	王金黄、块黄	碱性橙Ⅱ	腐皮	着色
4	蛋白精、三聚氰胺		乳及乳制品	虚高蛋白质含量
5	硼酸与硼砂		腐竹、肉丸、凉粉、凉皮、面条、饺子皮	增筋

续表

序号	名称	主要成分	可能添加的食品品种	可能的主要作用
6	硫氰酸钠		乳及乳制品	保鲜
7	玫瑰红B	罗丹明B	调味品	着色
8	美术绿	铅铬绿	茶叶	着色
9	碱性嫩黄		豆制品	着色
10	工业用甲醛		海参、鱿鱼等干水产品、血豆腐	改善外观和质地
11	工业用火碱		海参、鱿鱼等干水产品	改善外观和质地
			生鲜乳	防腐
12	一氧化碳	一氧化碳	金枪鱼、三文鱼	改善色泽
13	硫化钠		味精	
14	工业硫黄	硫	白砂糖、辣椒、蜜饯、银耳、龙眼、胡萝卜、姜等	漂白、防腐
15	工业染料		小米、玉米粉、熟肉制品等	着色
16	罂粟壳		火锅底料及小吃类	
17	皮革水解物	皮革水解蛋白	乳与乳制品含乳饮料	增加蛋白质含量
18	溴酸钾	溴酸钾	小麦粉	增筋

续表

序号	名称	主要成分	可能添加的食品品种	可能的主要作用
19	β-内酰胺酶（金玉兰酶制剂）	β-内酰胺酶	乳与乳制品	掩蔽抗生素
20	富马酸二甲酯	富马酸二甲酯	糕点	防腐、防虫
21	废弃食用油脂		食用油脂	掺假
22	工业用矿物油		陈化大米	改善外观
23	工业明胶		冰淇淋、肉皮冻等	改善形状、掺假
24	工业酒精		勾兑假酒	降低成本
25	敌敌畏		火腿、鱼干、咸鱼等制品	驱虫
26	毛发水		酱油等	掺假
27	工业用乙酸		勾兑食醋	调节酸度
28	肾上腺受体激动剂类药物	盐酸克伦特罗（"瘦肉精"）、莱克多巴胺等	猪肉、牛羊肉及肝脏等	提高瘦肉率
29	硝基呋喃类药物	呋喃唑酮、呋喃它酮、呋喃西林、呋喃妥因等	猪肉、禽肉、动物性水产品	抗感染

续表

序号	名称	主要成分	可能添加的食品品种	可能的主要作用
30	玉米赤霉醇	玉米赤霉醇	牛羊肉及肝脏、牛奶	促进生长
31	抗生素残渣	万古霉素	猪肉	抗感染
32	镇静剂	氯丙嗪、安定等	猪肉	镇静，催眠，减少能耗
33	荧光增白物质		双孢蘑菇、金针菇、白灵菇、面粉	增白
34	工业氯化镁	氯化镁	木耳	增加重量
35	磷化铝	磷化铝	木耳	防腐
36	馅料原料漂白剂	二氧化硫脲	焙烤食品	漂白
37	酸性橙Ⅱ		黄鱼、鲍汁、腌卤肉制品、红壳瓜子、辣椒面、豆瓣酱	增色
38	氯霉素		生食水产品、肉制品、猪肠衣、蜂蜜	杀菌、防腐
39	喹诺酮类	喹诺酮类	麻辣烫类食品	杀菌、防腐
40	水玻璃	硅酸钠	面制品	增加韧性
41	孔雀石绿	孔雀石绿	鱼类	抗感染

续表

序号	名称	主要成分	可能添加的食品品种	可能的主要作用
42	乌洛托品	六亚甲基四胺	腐竹、米线等	防腐
43	五氯酚钠	五氯酚钠	河蟹	灭螺、消除野杂鱼
44	喹乙醇	喹乙醇	水产养殖饲料	促生长
45	碱性黄	硫代黄素	大黄鱼	着色
46	磺胺二甲嘧啶	磺胺二甲嘧啶	叉烧肉类	防腐
47	敌百虫		腌制食品	防腐

食品加工过程中易滥用的食品添加剂品种名单

序号	食品类别	可能易滥用的添加剂品种或行为
1	渍菜（泡菜等）、葡萄酒	着色剂（胭脂红、柠檬黄、诱惑红、日落黄等）等超量或超范围使用
2	水果冻、蛋白冻等	着色剂、防腐剂的超量或超范围使用，酸度调节剂（己二酸等）的超量使用
3	腌菜	着色剂、防腐剂、甜味剂（糖精钠、甜蜜素等）超量或超范围使用
4	面点、月饼、酒类（配制酒除外）	超量使用乳化剂（蔗糖脂肪酸酯等），或超范围使用乳化剂（乙酰化单甘脂肪酸酯等）；超范围使用防腐剂，着色剂，超量或超范围使用甜味剂（甜蜜素、安赛蜜）

续表

序号	食品类别	可能易滥用的添加剂品种或行为
5	面条、饺子皮	超量使用面粉处理剂
6	糕点、面制品和膨化食品	使用膨松剂过量（硫酸铝钾、硫酸铝铵等），造成铝的残留量超标准；超量使用水分保持剂磷酸盐类（磷酸钙、焦磷酸二氢二钠等）；超量使用增稠剂（黄原胶、黄蜀葵胶等）；超量使用甜味剂（糖精钠、甜蜜素等）
7	馒头	超范围使用漂白剂（硫磺）
8	油条	超量使用膨松剂（硫酸铝钾、硫酸铝铵），造成铝的残留量超标准
9	肉制品和卤制熟食、腌肉料和嫩肉粉类产品	超量使用护色剂（硝酸盐、亚硝酸盐），成品中残留量超标准
10	小麦粉	超范围使用着色剂（二氧化钛），超量使用膨松剂（硫酸铝钾），违规使用滑石粉
11	臭豆腐等	超范围使用营养强化剂（硫酸亚铁）
12	乳制品（除干酪外）	超范围使用防腐剂（山梨酸、纳他霉素）
13	蔬菜干制品	超范围使用营养强化剂（硫酸铜）
14	酒类（配制酒除外）	超量使用甜味剂（甜蜜素）
15	酒类	超范围使用甜味剂（安赛蜜）
16	面制品和膨化食品	超量使用硫酸铝钾和硫酸铝铵，造成铝的残留量超标

续表

序号	食品类别	可能易滥用的添加剂品种或行为
17	鲜瘦肉	超范围使用漂白剂（胭脂红）
18	大黄鱼、小黄鱼	超范围使用着色剂（柠檬黄）
19	陈粮、米粉等	超范围使用漂白剂（焦亚硫酸钠）
20	烧鱼片、冷冻虾、烤虾、鱼干、鱿鱼丝、蟹肉、鱼糜等	超范围使用漂白剂（亚硫酸钠）

2006年11月1日起实施《农产品质量安全法》

适应国际上食品安全从农田到餐桌的食品安全管理模式，从中国农业生产的实际出发，遵循农产品质量安全管理的客观规律，针对保障农产品质量安全的主要环节和关键点，确立了相关的基本制度。

第二条　本法所称农产品，是指来源于农业的初级产品，即在农业活动中获得的植物、动物、微生物及其产品。本法所称农产品质量安全，是指农产品质量符合保障人的健康、安全的要求。

第三条　县级以上人民政府农业行政主管部门负责农产品质量安全的监督管理工作；县级以上人民政府有关部门按照职责分工，负责农产品质量安全的有关工作。

第四十五条　违反法律、法规规定，向农产品产地排放或者倾倒废水、废气、固体废物或者其他有毒有害物质的，依照有关环境保护法律、法规的规定处罚；造成损害的，依法承担赔偿责任。

　　第四十六条　使用农业投入品违反法律、行政法规和国务院农业行政主管部门的规定的，依照有关法律、行政法规的规定处罚。

　　第五十三条　违反本法规定，构成犯罪的，依法追究刑事责任。

国家食品药品监督管理总局颁布《食品生产许可管理办法》

　　为规范食品、食品添加剂生产许可活动，加强食品生产监督管理，保障食品安全，2015年8月31日，国家食品药品监督管理总局根据《中华人民共和国食品安全法》《中华人民共和国行政许可法》等法律法规颁布《食品生产许可管理办法》，该办法于2015年10月1日起施行。

　　国家食品药品监督管理总局相关人士表示，之所以要修订《食品生产许可管理办法》，首先是因为作为食品安全法的配套规章，《食品生产许可管理办法》在这个重要时机颁布、同步实施，一是全面贯彻新版《食品安全法》的一项重要举措；二是适应监管体制改革的必然要求；三是近年来，企业对食品生产许可申证难的呼声越来越高，部分企业反映申请材料多、审查程序繁复、审批时间长等问题。这次修订的《食品生产许可管理办法》（以下简称"《办法》"）中，从许可申请、现场核查、换发证书等多个方面体现了便民惠民的原则，解决了企业反映强烈的问题。

　　《办法》实施后，食品"QS"标志将取消。按照新规，新获证及换证食品生产者，应当在食品包装或者标签上标注新的食品生产许可证编号，不再标注"QS"标志。食品生产者存有的带有"QS"标志的包装和标签，可以继续使用至完为止。2018年10月1日起，食品生产者生产的食品不得再使用原包装、标签和"QS"标志。

　　提醒消费者在选购食品时要注意，2018年10月1日以后，带有"QS"标志的食品不会从市场上立刻消失，而是会随着时间的推移慢慢退出市场，这期间市场上带有"QS"标志老包装的食品和标有新的食品生产许可证编号的食品会同时存在。

食品生产许可证应当载明：生产者名称、社会信用代码（个体生产者为身份证号码）、法定代表人（负责人）、住所、生产地址、食品类别、许可证编号、有效期、日常监督管理机构、日常监督管理人员、投诉举报电话、发证机关、签发人、发证日期和二维码。

食品生产许可证编号由"SC"（"生产"的汉语拼音字母缩写）和14位阿拉伯数字组成。数字从左至右依次为：3位食品类别编码、2位省（自治区、直辖市）代码、2位市（地）代码、2位县（区）代码、4位顺序码、1位校验码。

原"QS"标志

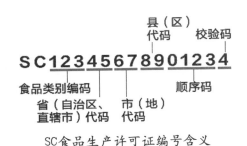

SC食品生产许可证编号含义

国家食品药品监督管理总局颁布
《食品药品投诉举报管理办法》

为更好地规范食品药品投诉举报管理工作，2016年1月14日，国家食品药品监督管理总局发布《食品药品投诉举报管理办法》（以下简称"《办法》"），落实举报奖励制度，鼓励并支持公众投诉举报食品药品违法行为。该办法自2016年3月1日起实施。该《办法》进一步细化投诉举报办理程序。首先明确了转办要求，投诉举报受理后，一般投诉举报应当3日内转交有关部门办理；重要投诉举报应当2日内转交同级食药监管部门提出处理意见。

《办法》明确承办要求和办理结果告知。投诉举报承办部门应当对投诉举报线索及时调查核实，依法办理，并在60日内反馈办理结果；情况复杂的，经批准可适当延长办理期限，延长期限一般不超过30日；特别复杂疑难的投诉举报，需要继续延长办理期限的，应当书面报请投诉举报承办部门负责人批准，并及时告知投诉举报人及投诉举报机构。

《办法》进一步畅通投诉举报渠道。该办法明确食品药品监督管理部门对投诉举报管理的职责，强调各级食品药品投诉举报机构的具体职责；重心下沉，明确属地受理原则。

同时，考虑到根据监管职责划分，以及有些省（市）实行统一受理，《办法》规定投诉举报人应当向有管辖权的食品药品投诉举报机构进行投诉举报；对食品药品投诉举报实行统一受理的省、自治区、直辖市，投诉举报人可以向省、自治区、直辖市食品药品投诉举报机构提出投诉举报。

此外，《办法》进一步明确投诉举报工作责任。该《办法》规定各级食品药品监督管理部门应当公布投诉举报渠道及投诉举报管理工作相关规定，投诉举报机构应当自觉接受社会监督，加强工作人员培训教育，明确了投诉举报机构和承办部门工作准则和责任。

国家食品药品监督管理总局颁布《食品生产经营日常监督检查管理办法》

为加强对食品生产经营活动的日常监督检查，落实食品生产经营者主体责任，保证食品安全，2016年3月4日，国家食品药品监督管理总局发布《食品生产经营日常监督检查管理办法》（以下简称"《办法》"），《办法》于2016年5月1日起施行，主要包括以下内容。

明确日常监督检查职责　规定国家食品药品

监督管理总局负责监督指导全国食品生产经营日常监督检查工作；省级食品药品监督管理部门负责监督指导本行政区域内食品生产经营日常监督检查工作；市、县级食品药品监督管理部门负责实施本行政区域内食品生产经营日常监督检查工作。

明确随机检查原则 规定市、县级食品药品监督管理部门在全面覆盖的基础上，可以在本行政区域内随机选取食品生产经营者、随机选派监督检查人员实施异地检查、交叉互查，可以根据日常监督检查计划随机抽取日常监督检查要点表中的部分内容进行检查，并可以随机进行抽样检验。

明确日常监督检查事项 规定食品生产环节监督检查事项包括食品生产者的生产环境条件、生产过程控制、不合格品管理和食品召回、从业人员管理、食品安全事故处置等情况；食品销售环节监督检查事项包括食品销售者资质、从业人员健康管理、一般规定执行、禁止性规定执行、经营过程控制、进货查验结果、食品贮存、不安全食品召回、标签和说明书、特殊食品销售、进口食品销售、食品安全事故处置、食用农产品销售等情况，以及食用农产品集中交易市场开办者、柜台出租者、展销会举办者、网络食品交易第三方平台提供者、食品贮存及运输者等履行法律义务的情况；餐饮服务环节监督检查事项包括餐饮服务提供者资质、从业人员健康管理、原料控制、加工制作过程、食品添加剂使用管理及公示、设备设施维护和餐饮具清洗消毒、食品安全事故处置等情况。

明确制定日常监督检查要点表 要求国家食品药品监督管理总局根据法律、法规、规章和食品安全国家标准有关食品生产经营者义务的规定，制定日常监督检查要点表；省级食品药品监督管理部门可以根据需要，对日常监督检查要点表进行细化、补充；市、县级食品药品监督管理部门应当按照日常监督检查要点表，对食品生产经营者实施日常监督检。规定在实施食品生产经营日常监督检查中，对重点项目应当以现场检查方式为主，对一般项目可以采取书面检查的方式。

明确日常监督检查结果形式 规定日常监督检查结果分

为符合、基本符合与不符合三种形式，并记入食品生产经营者的食品安全信用档案。日常监督检查结果属于基本符合的食品生产经营者，市、县级食品药品监督管理部门应当就监督检查中发现的问题书面提出限期整改要求；日常监督检查结果为不符合，有发生食品安全事故潜在风险的，食品生产经营者应当立即停止食品生产经营活动。

明确日常监督检查结果对外公开 规定市、县级食品药品监督管理部门应当于日常监督检查结束后2个工作日内，向社会公开日常监督检查时间、检查结果和检查人员姓名等信息，并在生产经营场所醒目位置张贴日常监督检查结果记录表。食品生产经营者应当将张贴的日常监督检查结果记录表保持至下次日常监督检查。

明确日常监督检查法律责任 规定食品生产经营者撕毁、涂改日常监督检查结果记录表，或者未保持日常监督检查结果记录表至下次日常监督检查的，由市、县级食品药品监督管理部门责令改正，给予警告，并处2000元以上3万元以下罚款。食品生产经营者拒绝、阻挠、干涉食品药品监督管理部门进行监督检查的，由县级以上食品药品监督管理部门按照《食品安全法》有关规定进行处理。

国家食品药品监督管理总局颁布《食用农产品市场销售质量安全监督管理办法》

为加强食用农产品监督管理，规范食用农产品市场销售行为，保障食用农产品质量安全，国家食品药品监督管理总局颁布制定了《食用农产品市场销售质量安全监督管理办法》（以下简称《办法》），该《办法》于2016年3月1日实施。《办法》规定：食用农产品是指在农业活动中获得的供人食用的植物、动物、微生物及其产品。食用农产品市场销售质量安全及其监督管理适用本办法，主要包含以下三方面内容：（1）食用农产品市场销售质量安全监督管理；（2）通过批发市场、零售市场（含农贸市场）等集中交易市场、商场、超市、便利店等销售食用农产品的活动；（3）柜台出租者和展销会举办者销售食用农产品的，参照集中交易市场开办者的规定执行。

《办法》明确了各级食品药品监督管理部门的职责：（1）国家食品药品监督管理总局负责监督指导全国食用农产品市场销售质量安全的监督管理工作；（2）省、自治区、直辖市食品药品监督管理部门负责监督指导本行政区域食用农产品市场销售质量安全的监督管理工作；（3）市、县级食品药品监督管理部门负责本行政区域食用农产品市场销售质量安全的监督管理工作。

第二篇

食品安全基本知识

 什么是食品安全和不安全食品

《中华人民共和国食品安全法》规定，"食品安全，指食品无毒、无害，符合应当有的营养要求，对人体健康不造成任何急性、亚急性或者慢性危害。"

《食品召回管理办法》（国家食品药品监督管理总局令第12号）明确：不安全食品是指食品安全法律法规规定禁止生产经营的食品以及其他有证据证明可能危害人体健康的食品。

世界卫生组织（WHO）和联合国粮农组织食品法典委员会（CAC）定义：食品安全是对食品按其原定用途进行制作及食用时不会使消费者受害的一种担保。食品安全问题是食品中有毒有害物质对人体健康造成损害，并由此产生的公共安全问题。

我国的食品安全处于什么状况

在官方的评价中，最常见的词语包括：总体可控、稳定向好、形势严峻、任务艰巨、时有发生。"总体可控"是指局面，一般不会频繁发生恶性食品安全事件，"稳定向好"是指趋势，"形势严峻"是指仍然面临诸多风险，"任务艰巨"是指还有大量的工作要做，"时有发生"是指事件发生的频率。

中国工程院院士陈君石认为：唯一能够代表我国整个食品安全的，就是食品的合格率。15年以前我们食品合格率大概百分之五六十，现在已经达到90%以上，在北京、上海这样的大城市能达到95%，这是一个总体情况。那么用抽象的、原则性的话来描述，应该说食品安全的总体情况是好的。"如果食品安全满分是100分的话，我想80分可能比较合适。"

根据2015年7月"英国经济学人智库"发布的《2015年全球食品安全指数报告》显示，在109个被评估国家中，美国以89.0分位居全球第一，新加坡和爱尔兰以88.2分和85.4分位列二、三位。中国以64.2分排在42位，位居上游，排名在中国前后的国家分别为南非（64.5分）和俄罗斯（63.8分）。中国的得分中，食品价格承受力、食品供应能力和食品质量安全保障分别为61.0分、65.2分和69.3分，食品价格承受力、食品供应能力和食品质量安全保障分别位列第50名、第39名和第38名。该报告将中国列入良好一档，并指出，中国在食品安全系统建设、营养标准、农产品生产波动性等方面的指标表现突出。

历尽风波的中国食品到底安全程度几何？恐怕在不少国人心目中，国产食品早已被贴上了"质量没有保障""安全问题严重"的标签。其实换个角度再看，中国的食品安全水平远没有想象得不堪，甚至领先于其经济发展水平所处的阶段。

世界上没有绝对安全的食品

食品的绝对安全性是指确保不可能因食用某种食品而危及健康或造成伤害的一种承诺，也就是食品应绝对没有风险。不过，由于在客观上人类的任何一种饮食消费甚至其他行为总是存在某些风险，绝对安全性或零风险是很难达到的，尽管这是当代环境威胁加剧条件下普通消费者追求的目标。食品的相对安全性为一种食物或成分在合理食用方式和正常食量的情况下不会导致对健康损害的实际确定性。

世界卫生组织（WHO）和联合国粮农组织食品法典委员会（CAC）对食品安全的定义：对食品按其原定用途进行制作及食用时不会使消费者受害的一种担保。其实，食品安全是一个相对的概念，世界上没有绝对安全的食品，任何措施均难完全杜绝食品安全事件的发生。食品的绝对安全性只是一个理论概念。要求食品安全完全做到"零风险"，其实是不可能实现的目标，能够要求的只是一定社会经济条件下可以接受的风险水平，也就是食品的相对安全性。事实上，食品总会有一些有害于人体健康的成分。毒理学上有一最著名的概念就是"剂量决定毒性"，即如果危害的暴露水平在允许摄入量以下，产生健康损害的可能性要小得多。千万记住：在任何情况下，剂量决定安全。

消费者在日常生活中要消除以下几个误区：

误区1 **被致癌物污染的食品等于致癌食品**　其实被致癌物污染的食品不等于致癌食品，可能有潜在的致癌风险的化学物质不等于是致癌物。

误区2 **不合格的食品一定是有毒食品**　食品不合格，是按照一定标准和管理程序来衡量的，不符合标准或者管理程序就是不合格。不合格的产品不能销售，但是不等于吃了就会中毒，这是两种不同的概念。

误区3 **使用了农药、化肥的食品一定是有毒食品**　科学、合理、合法地使用农药和化肥，是现代农业科技的成果，是保证农产品品质和数量的前提，不会造成食物不安全。世界卫生组织（WHO）专家们的共识是，对每一种农药都要做严格的安全性评价，决不容许食物中残留的农药对人体有任何不良影响。

有机食品、绿色食品和无公害食品的区别

有机食品、绿色食品和无公害食品为按照相关标准体系生产、通过相应机构认证，准许使用相应标志的农产品或食品。

农产品质量认证始于20世纪初美国开展的农作物种子认证，并以有机食品认证为代表。到20世纪中叶，随着食品生产传统方式的逐步退出和工业化比重的增加，国际贸易的日益发展，食品安全风险程度的增加，许多国家引入"从农田到餐桌"的过程管理理念，把农产品认证作为确保农产品质量安全和同时能降低政府管理成本的有效政策措施。我国农产品认证始于20世纪90年代初农业部实施的绿色食品认证。2001年，在中央提出发展高产、优质、高效、生态、安全农业的背景下，农业部提出了无公害农产品的概念，并组织实施"无公害食品行动计划"，各地自行制定标准开展了当地的无公害农产品认证。在此基础上，2003年实现了"统一标准、统一标志、统一程序、统一管理、统一监督"的全国统一的无公害农产品认证。20世纪90年代后期，国内一些机构引入国外有机食品标准，实施了有机食品认证。有机食品认证成为农产品质量安全认证的一个组成部分。通过标准化管理保障安全是这三类食品突出的共性，它们在种植、收获、加工生产、贮存及运输过程中都采用了无污染的工艺技术，实行了从土地到餐桌的全程质量控制，保证了食品的安全性。但是，它们又有以下不同点。

（一）标准不同

就有机食品而言，不同的国家，不同的认证机构，其标准不尽相同。在我国，国家环境保护总局有机食品发展中心制定了有机产品认证标准。2000年12月美国公布了有机食品全国统一的新标准，日本在2001年4月公布了有机食品法（JAS法），欧洲国家使用欧盟统一标准ESS NO.2092/91及其修正方案和1804/99有机农业条例。

我国的绿色食品标准是由中国绿色食品发展中心组织制定的统一标准，其标准分为A级和AA级。A级的标准是参照发达国家食品卫生标准和联合国食品法典委员会（CAC）的标准制定的，AA级的标准是根据国际有机农业运动联

盟（IFOAM）有机食品的基本原则，参照有关国家有机食品认证机构的标准，再结合我国的实际情况而制定的。

无公害食品在我国是指产地环境、生产过程和最终产品符合无公害食品的标准和规范的要求，经认证合格获得认证证书并允许使用无公害农产品标志的优质农产品及其加工制品。这类产品中允许限量、限品种、限时间地使用人工合成化学农药、兽药、鱼药、肥料、饲料添加剂等。

（二）标志不同

中国有机产品认证标志

中国有机转换产品认证标志

认证机构标志（样式）

有机食品双标识（同时标识有机
食品标志和认证机构标志）样式

有机食品标志在不同国家和不同认证机构是不同的。在我国，国家环境保护总局有机食品发展中心在国家工商局注册了有机食品标志。我国的有机产品标志含义：形似地球，象征和谐、安全，圆形中的"中国有机产品"和"中国有机转换产品"字样为中英文结合方式，既表示中国有机产品与世界同行，也有利于国内外消费者识别；标志中间类似种子的图形代表生命萌发之际的勃勃生机，象征了有机产品是从种子开始的全过程认证，同时昭示出有机产品就如同刚刚萌生的种子，正在中国大地上茁壮成长；种子的图形周围圆润自如的线条象征环形的道路，与种子图形合并构成汉字"中"，体现出有机产品植根中国，有机之路越走越宽广。同时，处于平面的环形又是英文字母"C"的变体，种子形状也是"O"的变形，意为"China Organic"；转换产品认证标志的褐黄色：代表肥沃的土地，表示有机产品在肥沃的土壤上不断发展；有机

A级绿色食品标志

AA级绿色食品标志

无公害农产品标志

产品认证标志的绿色：代表环保、健康，表示有机产品给人类的生态环境带来完美与协调；橘红色代表旺盛的生命力，表示有机产品对可持续发展的作用。只有按有机产品国家标准生产并获得有机产品认证的产品，方可在产品名称前标识"有机"，在产品或者包装上加施中国有机产品认证标志并标注认证机构的标识或者认证机构的名称。

绿色食品的标志在我国是统一的，也是唯一的，它是由中国绿色食品发展中心制定，并在国家工商局注册的质量认证商标。绿色食品（green food）标志由特定的图形来表示。绿色食品标志图形由三部分构成：上方的太阳、下方的叶片和中间的蓓蕾，象征自然生态。标志图形为正圆形，意为保护、安全。颜色为绿色，象征着生命、农业、环保。AA级绿色食品标志与字体为绿色，底色为白色；A级绿色食品标志与字体为白色，底色为绿色。整个图形描绘了明媚阳光照耀下的和谐生机，告诉人们绿色食品是出自纯净、良好生态环境的安全、无污染食品，能给人们带来蓬勃的生命力。绿色食品标志还提醒人们要保护环境和防止污染，通过改善人与环境的关系，创造自然界新的和谐。

无公害农产品是保证人们对食品质量安全最基本的需要，是最基本的市场准入条件，普通食品都应达到这一要求。全国统一无公害农产品标志标准颜色由绿色和橙色组成。标志图案主要由麦穗、对勾和无公害农产品字样组成，麦穗代表农产品，对勾表示合格，橙色寓意成熟和丰收，绿色象征环保和安全。

（三）级别不同

有机食品无级别之分，有机食品在生产过程中不允许使用任何人工合成的化学物质，而且需要3年的过渡期，过渡期生产的产品为"转换期"产品。

绿色食品分A级和AA级两个等次。A级绿色食品产地环境质量要求评价项目的综合污染指数不超过1，在生产加工过程中，允许限量、限品种、限时间地使用安全的人工合成农药、兽药、鱼药、肥料、饲料及食品添加剂。AA级绿色食品产地环境质量要求评价项目的单项污染指数不得超过1，生产过程中不得使用任何人工合成的化学物质，且产品需要3年的过渡期，安全级别类似于有机食品。

无公害食品不分级，在生产过程中允许使用限品种、限数量、限时间的安全的人工合成化学物质。

（四）认证机构不同

开展有机产品、绿色食品和无公害农产品认证的认证机构都要经过国家认证认可监督管理委员会（以下简称"国家认监委"）批准。

有机产品的认证由国家认监委批准、认可的认证机构进行，有中绿华夏、南京国环、五岳华夏、杭州万泰等26家机构。另外还有一些国外有机食品认证机构在我国发展有机食品的认证工作，如德国的BCS。

绿色食品的认证机构在我国只有一家：中国绿色食品发展中心，该中心负责全国绿色食品的统一认证和最终审批。

无公害食品的认证机构为农业部农产品质量安全中心，由农业部农产品质量安全中心宏观管理，省级农业行政部门进行产地、产品认证管理。

（五）认证方法不同

在我国，有机食品和AA级绿色食品的认证实行检察员制度，在认证方法上是以实地检查认证为主，检测认证为辅，有机食品的认证重点是农事操作的真实记录和生产资料购买及应用记录等。A级绿色食品和无公害食品的认证是以检查认证和检测认证并重的原则，同时强调从土地到餐桌的全程控制，在环境技术条件的评价方法上，采用了调查评价与检测认证相结合的方式。

无公害食品是国家农业行政主管部门，针对当前农产品污染和食品质量安全问题在2001年提出的新概念，是指产地环境、生产过程、最终产品质量符合无公害农产品的标准，并使用无公害农产品标志的农产品。无公害食品是把有毒有害物质控制在一定的范围内，主要强调安全性，是最基本的市场准入标准，是以大众化消费为主，而绿色食品、有机食品除强调安全周期外，还强调优质，有着特定的消费群体。

"有机更营养"的说法不成立

自"有机农业"出现以来，关于有机产品是否"更营养"的问题就一直争论得很激烈。许多关于有机农业的研究也致力于比较有机产品和常规产品的差异，不过一直也没有令人信服的证据。美国农业部一直公开申明，不对有机产品是否更有营养和更安全发表评论，也不允许宣传有机产品对常规产品的优势。他们的逻辑是：没有靠谱的证据，不允许想当然地乱说；如果消费者"相信"它更好，那是他们的自由。

英国食品标准局（FSA）委托伦敦卫生与热带医药学院（LSHTM）对有机与常规食品中检测过的几百种营养成分进行统计分析，发现11类营养素中有8类在含量上没有差异，而其他的三类营养成分中，常规产品的氮元素含量高一些，而磷和可滴定酸的含量低一些，差异都在百分之几的范围内。而且这三种成分上的差异并不带来营养意义上的差异，因此他们得出的结论就是有机产品和常规产品在营养方面没有差异。实际这样的结果之前就有，但是这次的比较权威、系统。该结果得到英国政府的认可，当即引起轩然大波。当然反对这一结论的人不在少数。

社会上难免有些人认为贵的就是好的，有机食品打着高价格的旗号，不过它的"营养"真的符合它的价格吗？在对它的好处"宁可信其有"的逻辑之下，大家选择有机食品无可厚非，但至少从现有的情况来看，"有机更营养"的说法并不成立，而从食品安全性考虑则是有道理的。

什么是食品安全危害
危害风险因素包括哪些

食品安全危害是指可导致食品对人类健康构成威胁的生物、化学、物理等因素。食品安全危害可以发生在食物链的各个环节，其差异较大，按照HACCP（危害分析关键控制点）体系的通常分类，有以下三种类型。

1. 生物性危害。常见的生物性危害包括细菌、病毒、寄生虫以及霉菌。

2. 化学性危害。常见的化学性危害有重金属、自然毒素、农用化学药物、洗消剂及其他化学性危害。

3. 物理性危害。物理性危害与化学性危害和生物性危害相比，有其特点，往往消费者看得见。因而，也是消费者经常表示不满和投诉的事由。物理性危害包括碎骨头、碎石头、铁屑、木屑、头发、蟑螂等昆虫的残体、碎玻璃以及其他可见的异物。

此外，也有学者把转基因食品列为第四类危害因子。自从1973年，美国斯坦福大学科恩教授开发成功转基因技术，转基因技术被逐渐应用于农产品的生产，但转基因食品是否安全，目前却没有一个人能做出肯定的回答。转基因技术的应用一方面给食品行业的发展带来前所未有的机遇，另一方面转基因食品安全的不确定性也给食品安全带来了前所未有的挑战。

食品安全风险分析框架

食品安全风险分析概念于1991年首次提出。1991年，联合国粮农组织（FAO）、世界卫生组织（WHO）和关贸总协定（GATT）联合召开了"食品标准、食品中的化学物质与食品贸易会议"，建议相关国际法典委员会及所属技术咨询委员会在制定决定时应基于适当的科学原则并遵循风险评估的决定。1991年举行的国际食品法典委员会（CAC）第19次大会同意采纳这一工作程序。随后在1993年，国际食品法典委员会（CAC）第20次大会针对有关"CAC及其下属和顾问机构实施风险评估的程序"的议题进行了讨论，提出在国际食品法典委员会（CAC）框架下，各分委员会及其专家咨询机构应在各自的化学品安全性评估中采纳风险分析的方法。

1994年，第41届国际食品法典委员会（CAC）执行委员会会议建议联合国粮农组织（FAO）与世界卫生组织（WHO）就风险分析问题联合召开会议。根据这一建议，1995年3月13—17日，在瑞士日内瓦世界卫生组织（WHO）总部召开了联合国粮农组织/世界卫生组织（FAO/WHO）联合专家咨询会议，会议最终形成了一份题为"风险分析在食品标准问题上的应用"的报告。1997年1月27—31日，联合国粮农组织/世界卫生组织（FAO/WHO）联合专家咨询会议在意大利罗马联合国粮农组织（FAO）总部召开，会议提交了题为"风险管理与食品安全"的报告，该报告规定了风险管理的框架和基本原理。1998年2月2—6日，在意大利罗马召开了联合国粮农组织/世界卫生组织（FAO/WHO）联合专家咨询会议，会议提交了题为"风险情况交流在食品标准和安全问题上的应用"的报告，对风险情况交流的要素和原则进行了规定，同时对进行有效风险情况交流的障碍和策略进行了讨论。至此，有关食品风险分析原理的基本理论框架已经形成。国际食品法典委员会（CAC）于1997年正式决定采用与食品安全有关的风险分析术语的基本定义，并把它们包含在新的国际食品法典委员会（CAC）工作程序手册中。目前，风险分析已被公认为是制定食品安全标准的基础。

风险分析是在最近20多年间发展起来的一种为食品安全决策提供参考的系统化、规范化方法，它是进行以科学为基础的分析、合理有效地解决食品安全问题的强有力的手段，通过实施风险分析，不仅可以促进公众健康的改善，同时也为扩大国际食品贸易打下了坚实基础。

风险分析是一种用来估计人体健康和安全风险的方法，它可以确定并实施合适的方法来控制风险，并与利益相关方就风险及所采取的措施进行交流。风险分析不但能解决突发事件的或因食品管理、体系的缺陷导致的危害，还能支撑和改进标准的发展完善，风险分析能为食品安全监管者提供作出有效决策所需的信息和依据，有助于提高食品安全水平，改善公众健康状况。无论制度背景怎样，"风险分析"的原则为所有食品安全管理机构提供了一个可显著改善食品安全状况的工具。

风险分析是一个结构化的决策过程，由三个相互区别但紧密相关的部分组成：风险管理、风险评估和风险交流（见图）。它们是整个风险分析中互相补充且必不可少的组成部分。虽然图中显示它们是独立的部分，但实质上是一个高度统一的整体，在典型的食品安全风险分析过程中，管理者和评估者几乎持续不断地在以风险交流为特征的环境中进行互动交流，所以，当上述三个组成部分在风险管理者的领导下成功整合时"风险分析"最为有效。

国际食品法典委员会（CAC）对风险分析这三个主要组成部分进行了如下定义：

风险评估　一个以科学为依据的过程，对食品、食品添加剂中生物性、化学性和物理性危害对人体健康可能造成的不良影响所进行的科学评估，由以下步骤组成：（1）危害识别；（2）危害特征描述；（3）暴露评估；（4）风险特征描述。

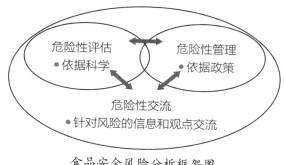

食品安全风险分析框架图

风险管理　与风险评估不同，这是一个在与各利益方磋商过程中权衡各种政策方案的过程，该过程考虑风险评估和其他与保护消费者健康及促进公平贸易活动有关的因素，并在必要时选择适当的预防和控制方案。

风险交流　在风险分析全过程中，风险评估人员、风险管理人员、消费者、产业界、学术界和其他感兴趣各方就风险、风险相关因素和风险认知等方面的信息和看法进行互动式交流，内容包括风险评估结果的解释和风险管理决定的依据。

风险评估被认为是风险分析中"基于科学"的部分，而风险管理是在选取最优风险管理措施时对科学信息与其他因素，如经济、社会、文化与伦理等进行整合和权衡的过程，实际上风险评估也可能包含一些不完全科学的判断与选择，风险管理者对风险评估者运用的科学方法要有一个正确的理解。

为什么说食源性疾病是全球范围内最大的食品安全问题

食源性疾病是指食品中致病因素进入人体引起的感染性、中毒性等疾病，是一种广泛流行的疾病，是全世界范围内最大的食品安全问题。因为不论是发展中国家还是发达国家，食源性疾病都是对健康的一种严重的威胁，尤其对儿童和老人，并带来巨大的经济损失。世界卫生组织（WHO）2002年3月公布的信息表明：全球每年发现食源性疾病的病例达10亿；在发达国家，每年大约有30%的人患食源性的疾病；美国每年有7600万食源性疾病的病例，其中32万病例住院治疗，5000人死亡；在澳大利亚每天有1.15万人患食源性疾病；在发展中国家这个问题更为普遍，在这些国家估计每年有220万人因为食源性和水源性腹泻而死亡，其中大部分是儿童。

根据中国工程院报告统计，从食物中毒人数原因来看，2009—2013年我国食物中毒事件中，微生物造成食物中毒总人数为24708人，占总中毒人数（38958人）的63.4%，化学性原因造成食物中毒人数逐年减少，由2009年的1103人降至2013年的202人，有毒动植物及毒蘑菇和其他原因引发中毒人数5年来基本保持在1000人左右，微生物引发的食源性疾病具有范围广、传播快等特点，从而成为造成食物中毒人数多的头号诱因。

世界卫生组织（WHO）食品安全、人畜共患病和食源性疾病司在《食品安全五大要点》中提出：自有历史以来，不安全食品一直是影响人类健康的问题，人类当前所遇到的很多食品安全问题，尽管世界各国政府尽全力改善食物供应的安全性，但无论是发达国家，还是发展中国家，食源性疾病仍然是一个重大的卫生问题。为此提出以下五大措施：

一是保持清洁，即拿食品前要洗手，准备食品期间还要经常洗手。便后洗手；清洗和消毒用于准备食品的所有场所和设备；避免虫、鼠及其他动物进入厨房和接近食物。

二是生熟分开，即生的肉和海产食品要与其他食物分开；处理生的食物要有专用的设备和用具，例如刀具和切肉板；使用器皿储存食物以避免生熟食物互相接触。

三是做熟，即食物要彻底做熟，尤其是肉、禽、蛋和海产食品；汤、煲等食物要煮开以确保达到70℃，肉类和禽类的汁水要变清，而不能是淡红色的。最好使用温度计；熟食再次加热要彻底。

四是保持食物的安全温度，即熟食在室温下不得存放2小时以上；所有熟食和易腐烂的食物应及时冷藏（最好在5℃以下）；熟食在食用前应保持温度（60℃以上）；即使在冰箱中也不能过久储存食物；冷冻食物不要在室温下化冻。冷冻食物解冻的最好方法是微波炉解冻、冰箱冷藏室解冻和清洁流动水解冻。

五是使用安全的水和原材料，即使用安全的水进行处理以保安全；挑选新鲜和有益健康的食物；选择经过安全加工的食品，例如经过低热消毒的牛奶；水果和蔬菜要洗干净，尤其需要生食时；不吃超过保存期的食物。

人们在日常生活中往往存在一些误区。例如，用冰箱长时间储存食物，温热剩菜剩饭，其实这些做法并不科学。因为，虽然冰箱储存食物可以起到保鲜的作用，低温能够抑制多数细菌的繁殖，但有些嗜冷菌仍可继续生长。例如，有一种耶氏菌在−4℃仍能繁殖生长，容易污染冷藏的食物。因此冰箱长时间储存食物并不属于有效预防食源性疾病的措施。日常生活中不要过分依赖冰箱保藏食物和饮料，要注意冰箱的定期清理、消毒，同时注意冰箱内存放的食品要生熟分开，防止交叉污染。至于温热剩菜剩饭，这种方法往往达不到灭菌目的，很多细菌要用沸水煮5分钟才能杀灭，细菌毒素甚至要高温高压灭菌才能消除。

食品安全全产业链模式

全产业链是以消费者为导向，从产业链源头做起，经过种植与采购、贸易及物流、食品原料和饲料原料的加工、养殖屠宰、食品加工、分销及物流、品牌推广、食品销售等每一个环节，实现食品安全可追溯，形成安全、营养、健康的食品供应全过程。全产业链是在中国居民食品消费升级、农产品产业升级、食品安全形势严峻的大背景下应运而生的。

全产业链最重要的环节是两头：上游的种植（养殖）与下游的营销，重中之重，是上游的自给。全产业链模式使得上下游形成一个利益共同体，从而把最末端的消费者的需求，通过市场机制和企业计划反馈到处于最前端的种植与养殖环节，产业链上的所有环节都必须以市场和消费者为导向。

全产业链模式有几个重要特征：一是整条产业链由一家企业控制，没有利益分割，有利于质量控制，其中上游的种植（养殖）是重中之重；二是以市场和消费者为导向，上下游形成协同，最末端的消费者需求通过市场机制反馈到处于最前端的种植（养殖）环节；三是各环节严格控制和全程监管，建立可追溯的食品安全管理体系。

全产业链模式的积极意义

1. 统筹兼顾已有的产业规模、竞争态势和未来发展空间等因素，合理布局，巩固和扩大玉米、大豆、小麦、稻谷等主要粮食品种的种植、收储、加工和物流的能力和规模，提升科技水平，积极服务国家宏观调控，增强我国粮食安全保障能力。

2. 将消费者的需求通过市场机制和企业计划反映到种植与养殖环节，通过对农业的有机组织和对流通与加工的规模化运作，实现生产与消费的真正连接，促进农业生产，提高农民的收入水平。

3. 通过规模化的收购、储运、养殖、加工，推动农产品由初加工向精深加工转变，使农产品的使用更有效率，更加科学。探索完善与农户合作的模式，在资金、技术和信息上给农户提供更多支持，以有效解决"千变万化的大市场"与"千家万户的小农户"的连接难题，积极参与新农村建设，带动更多农户脱贫致富，促进边远地区的经济发展。

4. 借助缜密完善的制度和流程，对食品产业链的各环节进行严格控制，强化源头控制和全程监管，消除安全隐患，建立可追溯的食品安全管理体系，带动国内食品行业升级换代，确保食品安全。

对消费者食品安全问题的帮助

全产业链模式提高了食品的可追溯性，通过建立"物料源头到销售终端"全过程控制体系，提高源头掌控能力，规范对生产过程中风险的控制，加强销售流通环节管理，深化食品产业链全程追溯体系建设。最终实现原料端、生产端、运输端、流动端、监管端等环节无缝衔接，确保产品质量可追溯。最终通过终端的品牌信誉，形成一批广大消费者欢迎和信任的产品品牌，既促进食品企业的贸易量、加工量，也最大程度地保证了产品质量和食品安全。

全产业链模式如何才能真正发挥作用呢？首先，监管机构应致力打造"从农田到餐桌"的可追溯监管流程。其次，企业应把控好产业链尤其是原料等关键环节，并建立自身的食品安全可追溯体系，一旦发生问题，能第一时间知道问题出在何处。

什么是保健食品、特殊膳食食品、新食品原料和特殊医学用途配方食品

保健食品

保健食品也称功能食品，我国保健食品标志为天蓝色图案，下有保健食品字样，俗称"蓝帽子"。GB 16740—2014《保健食品》规定：保健食品是指"具有特定保健功能的食品，适宜于特定人群食用，具有调节机体功能，不以治疗为目的的食品"。这类食品除了具有一般食品必备的营养和感官功能（色、香、味、形）以外，还具有一般食品所没有的或不强调的食品的第三种功能，即调节生理活动的功能。保健食品在国外的称谓不尽相同，日本称之为功能性食品，在欧美一些国家称之为健康食品、营养食品、改善食品等。

保健食品具有以下一些特点：

1. 是食品而不是药品。保健食品不以治疗疾病为目的，不追求临床疗效，也不能宣传治疗作用。而是通过调节机体内环境平衡与生理节律，增强机体的防御功能，从而达到保健康复的目的。

2. 调节机体功能。一般保健食品具有调节人体某一种功能的作用，如免疫调节功能、延缓衰老功能、改善记忆功能等。

3. 适于特定人群食用。一般食品提供给人们维持生命活动所需要的各种营养素，而保健食品具有调节人体某一个或几个功能的作用，因而只有某个或几个功能失调的人群食用才有保健作用。

保健食品与普通食品和药品的区别见下表。

保健食品与普通食品的区别

区别	保健食品	普通食品
食用人群	限于特定人群食用	所有人群可食用，不限食用人群
标识功能	具有调节机体功能，允许标识经批准的保健功能	提供营养，不允许标识保健功能
食用量	对食用量有规定	对食用量一般不作规定
与膳食的关系	不能替代正常的膳食	属于正常膳食

保健食品与药品的区别

区别	保健食品	药品
能否治病	不能用于治疗疾病	用于治疗疾病
安全性	对人体不产生任何急性、亚急性或慢性危害	允许有一定的副作用、亚急性或慢性危害
能否长期食用	可以长期食用	不能长期服用
使用方式	经口，以胃肠道为主	肌肉注射、静脉注射、皮肤、口服等

特殊膳食食品

我国GB 7718—2011《预包装食品标签通则》规定：特殊膳食食品是为满足某些特殊人群的生理需要，或某些疾病患者的营养需要，按特殊配方而专门加工的食品。这类食品的成分或成分含量，应与可类比的普通食品有显著不同。特殊膳食用食品需具备以下两个条件。

第一，某一种或某一类食品最适宜特定（特殊）人群食用，如婴儿、幼儿、糖尿病患者、严重缺乏某些营养素的人等。这类人群由于生理原因，需要的膳食结构与一般人群的膳食结构有明显区别。

第二，为这类人群制作的食品与可类比的普通食品的营养成分有显著不同，有些营养素含量很低或很高。如无母乳喂养的婴儿需要的婴儿配方乳粉，其营养成分和含量与成年人食用的乳粉有显著不同。

两个条件同时具备，才能称为特殊膳食用食品。

特殊医学用途配方食品

根据GB 29922—2013《特殊医学用途配方食品通则》，特殊医学用途配方食品是指为了满足由于完全或者部分进食受限、消化吸收障碍或者代谢紊乱人群的每天营养需要，或满足由于某种医学状况或疾病而产生的对某些营养素或日常食物的特殊需求加工配制而成，且必须在医生或临床营养师指导下使用的配方食品。为保障特定疾病状态人群的膳食安全，一直以来，我国对这类食品按药品实行注册管理，目前共批准了69个肠内营养制剂的药品批准文号。2013年，国家卫生和计划生育委员会颁布了此类食品的国家标准，将其纳入食品范畴。国家食品药品监督管理总局于2016年颁布了该类食品的申请注册管理办法。

新食品原料

国家卫生和计划生育委员会《新食品原料安全性审查管理办法》规定：新食品原料是指在我国无传统食用习惯的以下物品：①动物、植物和微生物；②从动物、植物和微生物中分离的成分；③原有结构发生改变的食品成分；④其他新研制的食品原料。

新食品原料应当具有食品原料的特性，符合应当有的营养要求，且无毒、无害，对人体健康不造成任何急性、亚急性、慢性或者其他潜在性危害。新食品原料应当经过国家卫生和计划生育委员会安全性审查后，方可用于食品生产经营。

保健食品、特殊膳食食品、新食品原料、特殊医学用途配方食品的主要区别见下表。

保健食品、特殊膳食食品、新食品原料、
特殊医学用途配方食品的区别

区别	保健食品	特殊膳食食品	特殊医学用途配方食品	新食品原料
审批依据	《保健食品注册与备案管理办法》、GB 16740—2014《保健食品》	GB 13432—2013《预包装特殊膳食用食品标签》	GB 29922—2013《特殊医学用途配方食品通则》、《特殊医学用途配方食品申请注册管理办法》	卫生和计划生育委员会《新食品原料安全性审查管理办法》2013年
功效声称	在标签上可以宣传产品的功效，在标签左上角必须印上保健（功能）食品的专用标志和批准文号	不能在标签上宣传产品的功效	在标签上必须印上注册号。标示：（1）请在医生或者临床营养师指导下使用；（2）不适用于非目标人群使用；（3）本品禁止用于肠外营养支持和静脉注射	无
实验依据	必须通过动物或人群实验，以证实有明显、稳定的功效，生产企业还要获得确有该功效的批文，才能正式投入生产和销售	不需要通过动物或人群实验，不需要证实有明显的功效作用	表明产品安全性、营养充足性和特殊医学用途临床效果的材料	安全性评估报告
管理部门和管理方式	国家食品药品监督管理总局，产品实行注册制或备案制	国家食品药品监督管理总局，需要做标准备案	国家食品药品监督管理总局，产品实行注册制	卫生和计划生育委员会，产品实行安全性评估审查和许可

续表

区别	保健食品	特殊膳食食品	特殊医学用途配方食品	新食品原料
生产规范要求	GB 17405—1998《保健食品良好生产规范》		按GB 29923—2013《特殊医学用途配方食品良好生产规范》建立与之相适应的生产质量管理体系，并取得认证	
消费人群	限于特定人群食用	某些特殊人群（如婴儿、幼儿、糖尿病患者、严重缺乏某些营养素的人群等）	进食受限、消化吸收障碍、代谢紊乱或特定疾病状态人群	
使用方式	自行选购，经口，以胃肠道为主	自行选购，经口	必须在医生或临床营养师指导下，单独食用或与其他食品配合食用	通常用于新开发的保健食品原料

 ## 科学认识农药的积极作用

农药是指用于预防、消灭或者控制危害农业、林业的病、虫、草及其他有害生物，以及有目的地调节植物、昆虫生长的化学合成或者来源于生物、其他天然物质或者几种物质的混合物及其制剂。

农药是当代农业生产中不可缺少的重要生产资料，在植物保护的综合防治工作中，化学防治占有重要地位，它已成为防治害虫、病菌、杂草、鼠类的主要手段。使用农药对于保证粮食、棉花、油料、果树、蔬菜、特产等作物的稳产、高产和产品质量等起着很大的作用。此外，农药在防治园林病虫、卫生害虫、灾后消毒等方面也发挥了很大作用，对于城市绿化、预防疾病，给人类带

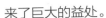

来了巨大的益处。

农药的使用极大地提高了农业生产效率，也有力地促进了农民增收。它已成为防治害虫、病菌、杂草、鼠类的主要手段。使用农药对于农作物的稳产、高产和产品质量等起着很大的作用。据统计，世界粮食产量如不使用农药，遭受病、虫、草害将使稻谷产量损失47.1%，小麦产量损失24.4%，玉米产量损失35.7%，人均粮食在现有的基础上就会降低三分之一，可见农药对于农业生产的巨大作用。我国每年使用农药挽回粮食损失约5000万吨，棉花100多万吨；平均每年药剂除草9亿亩，挽回粮食损失1100多万吨；平均每年药剂灭鼠约3亿亩，挽回粮食损失400多万吨。

在生物灾害的综合治理中，根据目前植物保护学科发展的水平，化学防治仍然是最方便、最稳定、最有效、最可靠、最廉价的防治手段。尤其是当遇到突发性、侵入型生物灾害发生时，尚无任何防治方法能够代替化学农药。

 ## 农药残留及其来源、危害、控制措施

农药残留是指农药施用后，残存于生物体、农副产品和环境中的微量农药原体、有毒的代谢物、分解物和杂质等。自从人类大量使用化学农药以后，各种农副产品（指各种农作物产品及畜禽鱼奶蛋类）的农药残留问题越来越突出，对人体健康带来了直接或间接的危害。农药残留来源主要有以下三个：

一是使用农药对作物的直接污染。农田施药后，药剂可能黏附作物表皮，也可能渗透到作物组织内部并输送到全株，经过一定时间，这些农药将逐渐被降解消失。但如果药剂性能稳定，即可长期残留在植物体内。渗透强的农药不仅残留量大，污染程度也很大，可直达果实内层。用药次数多、用药量大或用药间隔时间短，产品残留量就会增大。

二是作物从污染环境中吸收农药。在农田施药过程中，直接降落在作物上的药量只占一小部分，大部分则散落在土壤中，或漂移到空气里，或被水流冲刷到塘、湖和河流中，造成了严重的环境污染，有些农药可在土壤中残存几年甚至十几年，作物从根部吸收或叶片代谢吸收空气中残留的药剂，或用被污染的水源灌溉作物，都会引起农药残留量增大。

三是由于食物链的作用农药在生物体内聚集。畜禽和鱼类的体内农药残留主要是取食大量被农药污染的饲料，造成体内农药聚集。

农药残留的危害

虽然少量的农药残留不会对人体产生立即的、直接的毒害结果，但是农药的分子结构比较稳定，绝大多数在人体内很难被代谢分解、排泄，从而逐渐导致和引发各种疾病。癌症、不孕不育症、内分泌紊乱等疾病均与农药污染有关。

1. 农副产品农药残留超标，会直接危及人体的神经系统。大量进食农药残留超标的农副产品，会危害神经中枢，可能导致痉挛，严重可致死。有机磷类农药可抑制人体内乙酰胆碱酯酶，使人体胆碱酯酶失去活性从而丧失对乙酰胆碱的分解能力，导致体内乙酰胆碱的大量蓄积，使神经传导功能紊乱，表现为震颤、精神错乱、语言失常等症状。

2. 残留农药具有诱发突变的物质，即其有遗传毒性，会导致畸胎，影响后代的健康和生命质量，缩短寿命。

3. 动物实验证实，农药有明显的致癌作用，虽然动物实验不能完全推演到人类，但至少反映了对人类的危害性。

4. 农药能诱发肝脏酶的改变，从而改变人体内的生化过程，可令肝脏肿大以致坏死，还能侵害肾脏引起病变。

5. 农药慢性中毒会引起人体倦乏、头痛、食欲不振、肝肾损害。残留农药在人体内蓄积超过一定限度后会导致一些慢性疾病，如肌肉麻木、咳嗽等，甚至会诱发血管疾病、糖尿病和各种癌症。

6. 农药经高温辐射后可能会导致人患白血病。

7. 残留农药可导致人体消化功能紊乱。

减少农副产品中的农药残留量的措施

1. 防止和减少农药对粮食、果树、蔬菜等农作物的直接污染，要根据农药的性质严格限制使用范围，严格掌握用药浓度、用药量、用药次数等，严格控制作物收获前最后一次施药的安全间隔期，使农药进入农副产品的残留量尽可能地减少。

2. 防止和减少农药在环境中转移的间接污染而导致农副产品中的残留。农药在环境中的转移过程十分复杂，但主要途径是水流传带、空气传带、生物传带。应严禁农药对水域的污染，严禁废气对空气的污染，风力较大时尽可能不用或少用农药。通过这些办法减少、阻碍农药的转移污染。

3. 防止和减少农药在生物体内的聚集，主要是不使用农药残留量大的饲料喂养畜禽，这样乳蛋产品中的残留量就会大大减少。

家庭中去除蔬菜水果农药残留的方法有浸泡洗涤、整洗、去皮等，用淡盐水浸泡去除农药效果最佳，用果蔬洗洁精浸泡也能部分去除农药，但效果不如淡盐水，要注意将洗洁精冲洗干净；蔬菜不要切碎再洗，而应该整洗，因为农药都在蔬菜表面，切碎后易使农药污染其他部位，并且会使营养素丢失；有些能去皮的蔬菜、瓜果尽量去皮后再食用，可将皮表的农药去除。

高温加热可以使农药分解，实验证明，一些耐热的蔬菜，如菜花、豆角、青椒、芹菜等，洗干净后再用开水烫几分钟，可以使农药残留量下降30%左右，再经高温烹炒，就可以清除蔬菜上90%的农药。某些蔬菜，如菠菜、小白菜、芹菜、青椒、豆角、花菜等常采用氨基甲酸酯类杀虫剂，这种物质残留于蔬菜表面，一般的清洗方法较难去除干净。根据氨基甲酸酯具有随着温度升高而加速分解的特点，可采用沸水清洗的方法。先把这些蔬菜在清水中粗略地洗去表面脏物，再浸入沸水中2～5分钟，然后用清水冲洗1～2遍，就能够将氨基甲酸酯类杀虫剂的大部分残留清除了。

科学认识兽药及饲料添加剂的作用

兽药是指用于预防、治疗、诊断动物疾病或者有目的地调节动物生理功能的物质（含药物饲料添加剂），主要包括：血清制品、疫苗、诊断制品、微生态制品、中药材、中成药、化学药品、抗生素、生化药品、放射性药品及外用杀虫剂、消毒剂等。兽药的使用对象为家畜、家禽、宠物、野生动物、水产动物、蜂、蚕等。

兽药的积极作用

1. 防治疾病。动物养殖过程中各种疾病的有效控制得益于兽药的应用。药物在一些动物的疾病防治中起到了不可替代的作用。

2. 提高养殖生产效率。动物药品的应用不但可以提高单位舍饲面积上的载畜量，有利于进行集约化生产，使得少量生产者有可能管理大量的动物，而且还因改变了畜牧业生产的社会经济状况，极大地提高了养殖效率。

3. 控制人畜共患病。兽药的使用，还控制了大多数人畜共患病在动物与人之间的相互传播。如用金霉素控制了火鸡鹦鹉热，因而降低了人鹦鹉热的发病率。由于应用了动物药品，许多人畜共患的寄生虫病，如囊虫病、绦虫病、血吸虫病现在已基本上得到了控制。

饲料添加剂

饲料添加剂是指在饲料生产加工、使用过程中添加的少量或微量物质，在饲料中用量很少但作用显著。

饲料添加剂是现代饲料工业必然使用的原料，对强化基础饲料营养价值，提高动物生产性能，保证动物健康，节省饲料成本，改善畜产品品质等方面有明显的效果。

兽药残留及其来源、危害、控制措施

兽药残留及来源

兽药残留是指用药后蓄积或存留于畜禽机体或产品（如鸡蛋、奶制品、肉制品等）中的原型药物或其代谢产物，包括与兽药有关的杂质的残留。目前，兽药残留可分为7类：抗生素类、驱肠虫药类、生长促进剂类、抗原虫药类、灭锥虫药类、镇静剂类、β-肾上腺素受体阻断剂。在动物源食品中较容易引起兽药残留量超标的兽药主要有抗生素类、磺胺类、呋喃类、抗寄生虫类和激素类药物。养殖环节中用药不当是产生兽药残留的最主要原因。

产生兽药残留的主要原因大致有以下几个方面：

1. 非法使用违禁或淘汰药物。我国农业部在2003年（265号）公告中明文规定，不得使用不符合《兽药标签和说明书管理办法》规定的兽药产品，不得使用《食品动物禁用的兽药及其他化合物清单》所列21类药物及未经农业部批准的兽药，不得使用进口国明令禁用的兽药，畜禽产品中不得检出禁用药物。

2. 不遵守休药期规定。休药期也称消除期，是指动物从停止给药到许可屠宰或它们的乳、蛋等产品许可上市的间隔时间。休药期是依据药物在动物体内的消除规律确定的，就是按最大剂量、最长用药周期给药，停药后在不同的时间点屠宰，采集各个组织进行残留量的检测，直至在最后那个时间点采集的所有组织中均检测不出药物为止。休药期的长短与药物在动物体内的消除率和残留量有关，也与动物种类、用药剂量和给药途径有关。国家对有些兽药特别是药物饲料添加剂都规定了休药期。

3. 滥用药物。在养殖过程中，普遍存在长期使用药物添加剂，随意使用新或高效抗生素，大量使用医用药物等现象。此外，还大量存在不符合用药剂量、给药途径、用药部位和用药动物种类等用药规定，以及重复使用几种商品名不同但成分相同药物的现象。所有这些因素都会造成药物在体内过量积累，导致兽药残留。

4. 违背有关标签的规定。《兽药管理条例》明确规定，标签必须写明兽药的主要成分及其含量等。可是有些兽药企业为了逃避报批，在产品中添加一些化学物质，但不在标签中进行说明，从而造成用户盲目用药。这些违规做法均可造成兽药残留超标。

5. 屠宰前用药。屠宰前使用兽药用来掩饰有病畜禽的临床症状，以逃避宰前检验，这也能造成肉食畜产品中的兽药残留。

兽药残留的危害

1. 毒性反应。长期食用兽药残留超标的食品，当体内蓄积的药物浓度达到一定量时会对人体产生多种急慢性中毒。目前，国内外已有多起有关人食用盐酸克仑特罗（"瘦肉精"）超标的猪肺脏而发生急性中毒事件的报道。

2. 耐药菌株的产生。动物机体长期反复接触某种抗菌药物后，其体内敏感菌株受到选择性的抑制，从而使耐药菌株大量繁殖；此外，抗药性质粒在菌株间横向转移使很多细菌由单重耐药发展到多重耐药。耐药性细菌的产生使得一些常用药物的疗效下降甚至失去疗效。

3. "三致"作用。研究发现许多药物具有致癌、致畸、致突变作用。

4. 过敏反应。许多抗菌药物能使部分人群发生过敏反应甚至休克，并在短时间内出现血压下降、皮疹、喉头水肿、呼吸困难等严重症状。如青霉素类药物具有很强的致敏作用，轻者表现为接触性皮炎和皮肤反应，重者表现为致死的过敏性休克。

5. 肠道菌群失调。近年来国外许多研究表明，有抗菌药物残留的动物源食品可对人类胃肠的正常菌群产生不良的影响，使一些非致病菌被抑制或死亡，造成人体内菌群的平衡失调，从而导致长期的腹泻或引起维生素的缺乏等反应。菌群失调还容易造成病原菌的交替感染，使得具有选择性作用的抗生素及其他化学药物失去疗效。

6. 对生态环境质量的影响。动物用药后，一些性质稳定的药物随粪便、尿被排泄到环境中后仍能稳定存在，从而造成环境中的药物残留。

7. 严重影响畜牧业发展。长期滥用药物严重制约着畜牧业的健康持续发展。如长期使用抗生素易造成畜禽机体免疫力下降，影响疫苗的接种效果；还可引起畜禽内源性感染和二重感染；使得以往较少发生的细菌病转变成为家禽的主要传染病。此外，耐药菌株的增加，使有效控制细菌疫病变得越来越困难。

兽药残留的控制措施

1. 严格执行有关法律法规。严格执行《兽药管理条例》《饲料及饲料添加剂使用规范》《动物性食品中兽药最高残留限量》等一系列法律法规及标准。

2. 加强饲养管理，改变饲养观念。学习和借鉴国内外先进的饲养技术，创造良好的饲养环境，增强动物抗体免疫力，实施综合卫生防疫措施，降低畜禽的发病率，减少兽药的使用，充分使用低毒、低残留兽药，不使用禁用兽药，避免兽药滥用。

3. 加强监督和监测工作。加大对兽药、饲料级动物性产品的管理检查力度，建立完善的管理监控系统，严防兽药残留超标的产品进入市场，对超标者给予销毁和处罚，促使畜禽产品由数量型转换，使兽药残留超标的产品无销路、无市场。

什么是食品的腐败变质

　　食品的腐败变质是指食品在一定的环境因素影响下，由微生物为主的多种因素作用下所发生的食品失去或降低使用价值的一切变化，包括食品成分和感官性质的各种变化，如鱼肉的腐败、油脂的酸败、水果蔬菜的腐烂和粮食的霉变等。食品的腐败变质主要是食品中的大分子物质，如蛋白质、脂肪和碳水化合物等发生降解反应的过程，其发生原因主要包括食品本身的因素和微生物的存在。

　　食品本身的因素包括蛋白质、脂肪、碳水化合物的降解，这是腐败变质的内因。微生物，包括细菌、霉菌和酵母，是腐败变质的重要外因素。

食品腐败变质的过程

　　蛋白质的分解　蛋白质→多肽→氨基酸→胺类（组胺、甲胺、硫化氢），具有挥发性，粪臭味。

　　碳水化合物的分解　产生醇、酸、醛、酮等低分子物质，并产生二氧化碳，会有酸味并产气。

　　脂肪的酸败　以自动氧化为主，最终产生醛、酮、羟、酸及呋喃等低分子化合物，具有特殊的气味。

家庭食品腐败变质的预防

　　低温保藏　低温保藏食品是最常用的方法，长期保存的食物应于-20℃以下贮藏，电冰箱冷冻室的温度可达-18℃，在一定时间内保藏食品为半年左右，而冷藏室的温度为0～10℃，只能抑制食品中微生物的繁殖速度，因此，只能短期保藏食品。

　　高温灭菌　食品经高温灭菌处理，杀灭微生物比较彻底，且可破坏食品中的酶类，防止腐败变质。80～90℃时，2～3分钟即可杀灭食物中的大部分微生物。

　　脱水干燥　通过干燥除去食品中的水分，使之不利于微生物生长繁殖，从而达到长期保存的目的。方法有日晒、阴干、烘干等。食品中水分含量应控制在一定限度以下，才能长期保存，如粮食、豆制品中水分含量不应超过15%，奶粉的水分含量不超过8%。

　　腌渍　常用的腌渍方法有盐渍、糖渍等，咸菜用盐量为10%～15%，蜜饯用糖量为60%～65%，即能达到保藏食品的目的。

第三篇

安心采购好食物

注意生活中的有毒食品

现在人们都追求天然绿色有机的食物，认为只有这样的食物才是健康安全的，然而自然界中也存在原本有毒或可产生毒素的生物。纯天然食品是否安全取决于是否含有有毒有害成分，以及这些成分的含量、是否采用了合理的加工工艺。食品是否安全，不能以是否纯天然来判断。

其实我们几乎每天都会吃一些携带致命毒素的动植物，食物中毒的事也时有发生。为了保证这种事永远不要发生在我们身上，有必要了解一下我们厨房中最常见的有毒食品。

毒蘑菇：虽然有毒蘑菇比较容易辨认，但也不完全是这样，所有来源未知的蘑菇我们都应该慎吃。食用前你应仔细检查一番以确定蘑菇是否有毒：无毒的蘑菇菌帽应该是扁平没有突起，还应该有粉色或者黑色的菌褶（毒蘑菇经常是白色菌褶），而且菌褶应该长在菌帽上，而不是茎上。要记住，虽然通常这些鉴别知识适用于很多种蘑菇，但也不是真理。如果没有十足的把握，还是先不吃为好。

河豚：河豚毒性很强，1克河豚毒素能使500人丧命。在日本，河豚厨师必须训练有素，要经过一番考试后才能获得从业证书。培训要经过2～3年。为了通过考试，厨师们必须先经过笔试，然后展示他的削切水平。最后一项考试包括厨师吃他切下的河豚。只有30%的人能通过考试，这并不是说其他人因为吃下他们削切的河豚被毒死了，而是他们没有通过前两项考试。河豚只有肉是可吃的，因为河豚肉中的毒性较小，河豚毒可能会让嘴上有刺麻感。鉴于河豚的毒性，河豚是日本天皇唯一不能吃的合法食品。

杏仁：杏仁是最有用和最神奇的种子之一。独一无二的味道和良好的烹调适用性让杏仁成为数世纪以来厨房中馅饼的最流行成分。最具风味的杏仁是苦杏仁。杏仁有着浓郁的香味，很多世纪以来深受欢迎。但是，有一个问题，杏仁含氰化物。苦杏仁在吃之前必须经过加工去毒。

樱桃种子：樱桃是很常见的水果，可用于烹调、酿酒或者生吃。它们与李子、杏和桃子来自同一家族。所有这些水果的叶子和种子中都含有极高的有毒化合物。杏仁也是这一家族的成员，但是，它是唯一的尤其以收获种子为主的果实。樱桃的种子被压碎、咀嚼，或者只是轻微的破损，都会生成氢氰酸。吃樱桃一定记得不要吮吸或者嚼樱桃种子。

苹果种子：与樱桃和杏仁一样，苹果种子也含氰化物，但是，量要比前两者少得多。苹果种子一不小心就会被人吃到，但是只有吃下很多你才会感到不舒服。一个苹果的种子不会毒死人，但是，若吃得多还是有可能中毒死亡。

大黄：大黄是一种不起眼的植物，它能被制成几种口味最佳的布丁，极容易在室内栽培。大黄还是一种神奇的植物——除了叶子上的不明毒性之外，它还含有一种腐蚀酸。把大黄叶子和水以及苏打混合在一起它的腐蚀性甚至变得更强。

鲜黄花菜：黄花菜又被称为金针菜，鲜黄花菜中含有秋水仙碱，秋水仙碱被摄入人体后，在人体组织内会被氧化，生成二秋水仙碱。而二秋水仙碱是一种剧毒物质，可毒害人体胃肠道、泌尿系统，严重威胁健康。一个成年人如果一次食入鲜黄花菜50～100克即可引起中毒。要防止出现鲜黄花菜中毒，可将鲜黄花菜在沸水中稍煮片刻，再用清水浸泡，就可将大部分水溶性秋水仙碱去除。也可将鲜黄花菜煮熟、煮透，再烹调食用即可避免食物中毒。

糙米的是与非

曾几何时，人们都把吃上精米白面作为生活富足的标志。不过，当温饱不再是问题的时候，人们又追求起糙米来。这种轮回正反映了在不同的经济状况下，人们关注健康的着眼点是不同的。

其实，糙米是水稻去除谷壳之后的产物，英文名为brown rice。糙米的表面还有一层皮，含有很多纤维，所以很影响口感。把这层纤维去掉，就得到了精米。去除的这层东西，一般占到糙米总重的7%左右，被称为"米糠"。米糠虽然不好吃，不过其中含有现代人的饮食中很缺乏的膳食纤维，还有相当多的维生素以及矿物质，以及丰富的抗氧化物质。此外，还有含量不低的油，这些油主要是不饱和脂肪，与动物油相比，算是"健康"的油。科学数据显示，如果用不饱和脂肪代替饱和脂肪（比如来自动物的油），那么对于心血管健康有相当的好处。

于是，不去除米糠的糙米，也就比好吃的精米更加健康。而那些不好吃的米糠——传统上作为动物饲料，也就"野鸡变凤凰"，成了开发保健食品的"宝贝"。然而米糠类产品最大的问题，就是其中的无机砷。水稻是一种比较特殊的农作物，它会富集水中的砷。砷是天然水中无法避免的存在，不同的水质只在于其含量的高低。由于水稻特别的生长特征，大米也就成了以水稻为主食的人们摄入砷的一大来源。砷是一种对人体有害无益的半金属元素，尤其是无机砷，被当作"第一类致癌物"。对于人体而言，它没有安全上限，而是越低越好。只是由于砷在地球上广泛存在，人们不可能真正避免它。砷在大米中富集于米糠之中。一般而言，精米中含量最低，糙米中比较高，而米糠中的含量能够达到精米中的10倍以上。而米糠提取物，在提取有效成分的同时，也把砷提取了出来。"米糠提取物"是米糠保健品中最有号召力的产品。

对于中国人来说，无法不吃米饭，所以大米中所含的那些砷也就是不可避免的。好在，除非是高砷地区的大米，其中的砷含量还不至于带来明显危害。考虑到糙米中的砷含量比精米也高得不是很多，而糙米中的维生素、矿物质、抗氧化剂等对于健康的积极作用，到底是吃糙米还是吃精米，取决于个人在"利益"和"风险"之间如何权衡。补充米糠提取物带来的到底是营养还是毒药，还请消费者三思。

反季节蔬菜水果有害健康吗

很多人都听到过这样的话："反季节的蔬菜水果有害健康。"还有很多人问，哪些蔬菜是应季的？哪些水果是反季节的？不吃它们，我们是不是就能更健康？孩子是不是就不会提前发育？

按照中国的传统说法，"不时不食"。也就是说，食物得天地物候之气，它的性质与气候环境的变化是密切相关的。如果不是应季的食物，它就没有那个季节的特性，那么它的健康价值就会因此改变。因此，古人提倡吃应季的食物。在我们的东邻日本也有类似的说法，人们热衷于吃"初物"，就是到了季节新鲜上市的食物，从食物当中感受到四季变化，体验到人与自然协调的美感和幸福。

从农业生产角度来说，应季的产品品质优于反季节的产品。番茄长在冬天的大棚里，其中维生素C的含量只有夏天露地种植产品的一半；刻意选育和栽培的早熟果实，口味和营养价值通常不如自然晚熟的水果。但是，我们不能不承认，发达社会中的居民的确已经被反季节的蔬菜和水果所包围，而且已经无法再离开它们了。每当北方的寒冷冬季来临，天地间一片荒凉，寸草不生，枯叶凋零。从11月到次年4月之间，几乎没有什么办法种植"应季"的蔬菜和水果。也就是说，如果我们一定要吃"应季"食物的话，有5个月的时间，只能吃豆芽之类的芽菜，而且几乎没有任何新鲜水果。在三十年前，北方冬天的蔬菜品种少得可怜，家家户户挖地窖，储存白菜、萝卜、胡萝卜、马铃薯等几样过冬菜，同时还要渍酸菜、做泡菜、腌咸菜，以应付寒冬季节的菜肴需要。苹果可以存到春节附近，而2—4月之间就是"青黄不接"的时节，人们的食物品种少得可怜，营养供应水平降低到一年当中的最低点。这就是所谓只有"应季食品"的生活。那时候，人们在冬春季节的维生素C、胡萝卜素、维生素B_2等营养素供应普遍不足，靠腌菜来维持生活，又增加了亚硝酸盐的摄入量，不利于饮食安全，更不要说食物多样化和美食的享受了。其实，现在很多反季节的蔬菜水果，并不一定是大棚的产品，其中也有来自南方的产品，甚至是来自国外的产品。比如说，在海南，一年四季都可以生产蔬菜水果，其实没什么应季问题，其营养价值也未必低于北方的应季产品。

相比之下，无论哪个季节，多吃点蔬菜水果，才是最关键的健康问题。无数研究证实，蔬菜水果的总摄入量越大，罹患癌症、心脏病的危险就越小，冬天吃蔬菜水果总比不吃要好。

正确看待"勾兑醋"和"配制酱油"

食品安全总是格外引人注目，尤其是最常用的食品原料。许多人看到"勾兑""配制"，往往不假思索地想到"有害"。其实，这仅仅是一种"凡是传统的就是好的"的潜意识。实际上，"勾兑醋"和"配制酱油"都不是中国"黑心厂家"的发明，二者都是国际上广泛存在的产品。它们不采用传统的酿制工艺，生产成本低，即使在风味上跟传统酿制产品有一定差别，也还是可以满足多数人的"调味需求"。

就"勾兑醋"来说，"醋精"中的醋酸跟"酿制醋"中的没有任何区别。它们的安全性取决于其他成分，而合格的食品级醋精，安全性与酿制醋并没有不同。许多人担心的防腐剂，也不是问题。首先，防腐剂不仅仅在勾兑醋中使用，醋酸含量低的酿制醋同样需要防腐剂才能实现较长的保质期。其次，酱油和醋中最常用的防腐剂苯甲酸钠，安全性相当高。即使用量达到国家标准的最高限，一个成年人每天喝几十克，也只能达到"安全摄入上限"的10%左右。

还有许多人相信"纯粮酿制"的酱油和醋"更有营养"。实际上，酱油和醋中并没有什么其他食物中没有的"特殊成分"。不管是氨基酸、维生素、矿物质，还是传说中的抗氧化成分，酱油和醋中有的，也能在别的食物中找到。更重要的是，即使它们真的有人们"相信"的保健功能，也还是需要足够的量才能发挥作用。作为调料的酱油和醋，能够提供的实在是杯水车薪。

显然，"勾兑醋"和"配制酱油"的问题，是商业营销中的诚信和消费者知情的问题。酿制产品的风味与配制产品不同，人们相信它们更好，这无可厚非。人们愿意付出更高的价格来购买，卖给他们的，就必须是他们想要的产品。这与安全无关，也与营养无关，就是知情和选择的问题。"勾兑醋"和"酿制酱油，"只要是合格产品，也没有安全性的问题。如果能够实现足够的调味功能，又不需要那么高昂的价格，自然会有愿意接受的消费者来购买。

什么是转基因技术

　　基因并不神秘，它就是一段可编码蛋白质的脱氧核苷酸（DNA）序列。DNA本身只作为遗传信息的载体，通过其编码的RNA和蛋白质起作用。转基因技术简单说就是将从其他生物中提取的基因导入到目标生物中，使后者具有抗虫害等特性。

　　人们为什么要通过转基因技术来改造农作物呢？因为人类社会自开始耕种以来，始终面临各种产量、质量、病虫害、自然灾害的挑战，人们需要选育更能适合需求的农作物。传统育种需要通过自然突变或者诱导突变来寻找所需性状，或者通过杂交将某一品种中的优良性状导入常规栽培品种。不过传统育种是一个漫长而复杂的过程，一个常规水稻品种的培育需要十年以上。转基因技术育种与传统育种并没有实质性的区别，只是更有针对性、更高效，它能跨越物种繁殖屏障，而且比传统育种的速度快得多。抗病毒的转基因木瓜是转基因技术的一个成功典范。木瓜环斑病毒可以导致木瓜环斑病，导致大规模减产以及植株死亡。转基因木瓜是将编码木瓜环斑病毒外壳蛋白的一段基因序列转入木瓜。该转基因的表达可以通过转录后使基因沉默，抑制病毒的同源基因，从而起到抗病毒的作用。该转基因只发生在木瓜细胞内，并只针对木瓜环斑病毒外壳蛋白，不会对木瓜的食用安全有任何影响。

餐桌上常见的转基因食物

　　近些年，转基因作物及相关问题在中国乃至世界都引起了强烈的关注和争论，多年来食品安全问题导致公众对食品产生了不信任，遇到一个没见过的东西，大家首先就怀疑是不是转基因的，如有人怀疑圣女果是转基因番茄，实际上在转基因技术出来很久之前圣女果就存在。此外，不正当的商业竞争把向日葵油、花生油都标上非转基因油，实际上根本没有转基因的花生和向日葵。

　　根据2015年8月24日农业部发布《关于政协十二届全国委员会第三次会

议第4506提案答复的函》，国内批准商业化生产的仅有转基因棉花和番木瓜，批准进口用作加工原料的有转基因大豆、玉米、棉花、油菜和甜菜，这些是在国内市场能见到的转基因农产品。市场上流通的以进口转基因原料加工的食品主要有用转基因大豆加工的大豆油及转基因大豆油的调和油，转基因大豆榨油后的豆粕、进口玉米均用于动物饲料。

中国农业科学院"转基因食品"清单

	国内市场		美国	欧洲
国外进口	大豆		大豆	大豆
	油菜籽		油菜籽	油菜
	玉米		玉米	玉米
国内生产	番木瓜		番木瓜	马铃薯
	棉籽油		番茄	甜菜
美国市场上的色拉油、面包、饼干、薯片、蛋糕、巧克力、番茄酱、鲜食番木瓜、酸奶、奶酪等或多或少都含有转基因成分。				
误传	圣女果		大个彩椒	
	小南瓜		小黄瓜	

如何理解转基因生物（食品）的安全性

转基因是一种技术，它是中性的，安全与否取决于向作物中引入了何种基因。

目前世界上已商品化的转基因作物主要有以下两类：

一类是通过遗传修饰，使一种来自于苏云金杆菌的细菌Bt蛋白高效表达，把Bt蛋白基因移到棉花、水稻、玉米上，长出来的作物就能杀死鳞翅目害虫。但Bt蛋白在人体肠道里被消化成为氨基酸。1999年美国康奈尔大学科学家约翰·鲁瑟里指出，吃了Bt转基因玉米花粉的帝王斑蝶幼虫会死亡或生长缓慢。一些环保组织抓住这一点，给予歪曲夸大，造成了转基因玉米会灭绝帝王斑蝶的风浪，甚至推测同样的原理也会灭绝人类。不过后续研究发现，转基因玉米花粉中几乎不含有Bt蛋白，对帝王斑蝶的影响可以忽略不计。调查显示，随着转基因玉米种植面积的扩大，美国的帝王斑蝶并没有灭绝，其数量非但没有下降，还增加了。

另一类是在大豆长起来以后喷除草剂，大豆不死，草死，此种大豆称为抗除草剂转基因大豆。这个基因就是通过修饰产生高效表达的EPSP合成酶。而使作物对除草剂产生抗性的蛋白质本来在豆里就有，它能把除草剂分解，保证大豆不死掉，所以是安全的。

自20世纪80年代第一株转基因植物诞生起，转基因植物已有30多年历史。转基因作物已在全世界很多国家种植，目前其危害记录为零。根据美国农业部数据，2013年53.2%的大田种植作物是转基因作物。根据美国食品饮料和消费品制造商协会（GMA）数据，全美（加工）食品中70%～80%都含有转基因成分。现在我们每天吃的豆油，很多来自从美国、阿根廷、巴西进口的转基因大豆。

农业部答复政协提案：批准上市的转基因食品安全

2015年8月24日农业部发布《关于政协十二届全国委员会第三次会议第4506提案答复的函》指出，国际上关于转基因食品的安全性是有权威结论的，即通过安全评价、获得安全证书的转基因生物及其产品都是安全的。国际食品法典委员会（CAC）制定的一系列转基因食品安全评价指南，是全球公认的食品安全评价准则和世界贸易组织国际食品贸易争端的仲裁依据。各国安全评价的模式和程序虽然不尽相同，但总的评价原则和技术方法都是参照国际食品法典委员会（CAC）的标准制定的。农业部表示，国际组织、发达国家和我国开展了大量转基因生物安全方面的科学研究，认为批准上市的转基因食品与传统食品同样安全。世界卫生组织（WHO）认为："目前尚未显示转基因食品批准国的广大民众食用转基因食品后对人体健康产生了任何影响"。经济合作与发展组织（OECD）、世界卫生组织（WHO）、联合国粮农组织（FAO）召开专家研讨会得出"目前上市的所有转基因食品都是安全的"的结论。欧盟委员会历时25年，组织了500多个独立科学团体参与的130多个科研项目，结论是"生物技术，特别是转基因技术，并不比传统育种技术危险"。我国转基因生物安全管理法规遵循国际通行指南，并注重我国国情，能够保障人体健康和动植物、微生物安全以及生态环境安全。

如何看转基因食品标识

关于转基因食品标识管理，2015年8月24日农业部发布《关于政协十二届全国委员会第三次会议第4506提案答复的函》表示，目前国际上对于转基因标识管理主要分为四类：一是自愿标识，如美国、加拿大、阿根廷等；二是定量全面强制标识，即对所有产品只要其转基因成分含量超过阈值就必须标识，如欧盟规定转基因成分超过0.9%、巴西规定转基因成分超过1%必须标识；三是定量部分强制性标识，即对特定类别产品只要其转基因成分含量超过阈值就必须标识，如日本规定对豆腐、玉米小食品、纳豆等24种由大豆或玉米制成的食品进行转基因标识，设定阈值为5%；四是定性按目录强制标识，即凡是列入目录的产品，只要含有转基因成分或者是由转基因作物加工而成的，必须标识。目前，我国是唯一采用定性按目录强制标识方法的国家，也是对转基因产品标识最多的国家。2002年，农业部发布了《农业转基因生物标识管理办法》，制定了首批标识目录，包括大豆、油菜、玉米、棉花、番茄5类17种转基因产品。新修订的《食品安全法》规定生产经营转基因食品应当按照规定显著标示，并赋予了食品药品监管部门对转基因食品标示违法违规行为的行政处罚职能。

下一步，我国食品药品监管部门将做好以下工作：一是依法对生产经营转基因食品未按规定标示的进行处罚；二是加强对进入批发、零售市场及生产加工企业的食用农产品和食品（包括含有转基因成分的食用农产品和食品）安全的监督管理，禁止生产经营不符合食品安全国家标准的食品和食用农产品。农业部门将与食品药品监督管理部门加强合作，强化转基因标识监管，构建对转基因生物和食品标识监管的有效衔接机制。

欧盟、日本、美国等国家对转基因食品的态度和相关要求

由于目前尚未有得到科学界公认的证据证明已上市的转基因食品会危及人体健康，同时也没有足够的科学依据确保未来不会发现转基因食品的不良后果，各国只能基于自己的文化传统、科技水平和法律制度，为转基因食品制定法律管制框架。

美国是世界上转基因作物研制最早的国家，也是现阶段转基因作物种植面积最大的国家。这两方面的优势让美国政府对转基因作物的认识有一种先入为主的思想，认为转基因作物与非转基因作物之间并无差异。同时，美国还强烈反对欧盟等国家和地区采取严格限制转基因食品进口的法律管制措施，认为这些措施构成了违反WTO规则的"非贸易壁垒"。美国民众多数支持使用转基因技术，例如有54%的人认为使用转基因技术生产的作物有治疗的作用，52%的人认为使用转基因技术能够生产出廉价的食物，这样可以减轻世界范围的饥荒。

欧盟对转基因作物的态度与美国截然不同。"疯牛病"的流行以及可口可乐遭二噁英污染的事件大大动摇了欧盟消费者对待新兴生物产品的信心，在对待转基因作物时大多采取谨慎预防的态度。欧盟对转基因产品的严格规制对保护欧盟的农产品市场起到了积极作用，也为欧盟发展转基因技术赢得了时间和空间。但需强调的是，欧盟虽然大力抵制转基因产品，但对转基因技术的研究从未停止并一直在加强。20多年来，欧盟国家农业转基因研究单位从无到有已发展至480家，欧盟的贸易保护政策可能只是暂时的，欧洲人近年意识到，食物不会永远过剩和便宜，基因作物的安全性经受住了时间的考验。一旦它的转基因技术成熟、商业化进程加快，就有可能积极倡导转基因产品贸易自由化，赚取巨额利润。1998年欧盟批准种植第一批转基因玉米，经过漫长的12年，2010年3月，欧盟委员会批准了欧盟国家种植马铃薯AV43-6G7品种的环境释放申请，并且严格规定了种植条件。巴斯夫公司（BASF）计划在捷克共和国土地上进行环境释放试验（2011—2016年）。这是自1998年以来，继转基因玉米之后，欧盟批准的第二种转基因作物，也是欧盟第一次开放转基因作物种植。此外，过去经核准的MON863玉米也获得进口至欧洲的许

可证，并可在欧洲加工制成饲料。

日本是亚洲对转基因产品审批立法较早的国家，在审批程序上与欧盟相近，也采取基于生产过程的管理模式。但日本对转基因产品的控制并不像欧盟那样严格，原因在于日本有60%左右的农产品来自进口，而且是来自于不需要表明产品是否为转基因作物的美国。如果严格地控制，将使日本的进口农产品数量下降，国内的农产品缺乏现象将得不到较好的缓解。因此，日本一直在对待转基因作物及其产品上奉行"不鼓励，不抵制，适当发展"的原则。1999年之前，日本的转基因产品是不需要加贴标签的。但是由于消费者强烈要求加强管理，1999年11月，日本农林水产省（MAFF）公布了对以进口大豆和玉米为主要原料的24种产品加标签的规范标准，并要求对转基因生物和非转基因生物原料实施分别运输的管理系统，以确保将转基因品种的混入率控制在5%以下。日本高效的转基因作物及产品审批制度，以及严格的标签管理体制，不仅在民众安全、进出口管理及环境保护上起到了良好的作用，还有效地解决了日本的粮食安全问题，其适当地发展转基因技术的原则是值得我国借鉴的。

消费者对转基因食品的认识误区

误区1 / 认为样子不像正常品种的蔬菜水果就是转基因产品

现在市面上蔬菜水果品种繁多，有小个子的番茄和黄瓜，也有大个子的青椒和草莓。然而，这些都不是转基因产品。所谓转基因产品，是用人工方法，把其他生物的基因转移到农作物中来。至于在不同品种之间进行杂交，或者用各种条件来促进植物发生变异，都不是转基因。

其实，天然植物本来就是形状多样的。同样一种东西，个头有大有小，色彩五颜六色。人们只看到一种大小、一种颜色的产品，只是因为人类普遍种植这种品种而已。比如说，把各种番茄品种互相杂交，就能育出深红色、粉红色、黄色、绿色等不同颜色，以及不同大小的番茄来。这些是很正常的事情，和转基因完全不挨边。就好比人有不同民族，不同种族通婚之后，就会生出鼻梁高度、嘴形、眼睛和头发颜色、个头高矮等发生变化的混血儿来一样。

目前，我国还没有哪一种蔬菜水果是转基因产品。无论颜色如何，大小如何，绝大多数都是传统育种方法得到的品种。稍微有点非传统的产品，就是把种子带到太空中育出来的大青椒等产品，但这也与转基因毫无关系。也就是说，这些育种方法只是在不同品种之间转移基因，就像不同民族的人结合后生孩子，或者人受到某种外界刺激发生了变异，归根到底还是人类自己的基因。而转基因产品呢，好比把其他生物的基因转移到人身上，让人身上拥有某种花的基因，或者某种细菌的基因，这显然完全是不同的概念。

误区2 **认为水果蔬菜不容易坏就是转基因产品**

一个南瓜或一个番茄能放一周，这实在不是一件稀罕的事情。蔬菜水果都有自己的保存条件，只要按条件储藏，就能保存很久。比如说，苹果可以在冷藏库里存12个月之久，这和基因没有丝毫关系，只不过是人们想办法让它进入"冬眠"状态，降低它的呼吸作用和延缓它的衰老进程而已。即便不放在冷库里，很多蔬菜水果都能在阴凉处存一周以上，比如夏天的西瓜在切开之前能放半个月以上，完整的洋葱、胡萝卜，没有过熟的番茄等，在家里放一周也没问题。

的确有"转基因"的番茄不容易成熟，不过它可不是放一周的问题，而是根本不会自己成熟。因为人们想办法去掉了它启动衰老成熟的"开关"。这样，它就一直保持青涩状态，除非外用催熟剂来处理，才能变成红色，变成可食状态。目前，我国市场上销售的生鲜番茄中还没有这种产品。

误区3 **认为加工食品中没有转基因产品**

加工产品都来自于农产品原料。原料中的各种污染成分，以及转基因成分，都会进入到加工食品当中去。然而，人们通常都盯着农产品原材料，特别是新鲜蔬菜水果，总是担心它有农药，有污染，有转基因成分等。其实，事实正好相反——我国市场上有很多转基因成分都是来自于加工产品，特别是使用美国进口原料的加工产品。

美国是全球最大的转基因食品生产国。它所产的大豆油90%以上是转基因产品，还有菜花油（基因改良过的菜籽油）、马铃薯、小麦、玉米等，都是大宗转基因产品。同时，美国也是豆油、小麦、玉米和马铃薯的出口大国，只要买它的转基因农产品，就自然地引入了转基因成分。消费者没有看到农产品原料本身，往往就会"眼不见心不烦"，忽略了其中的转基因成分。

比如说，美食快餐店里的薯条，用的大都是转基因的马铃薯；制作点心用的油脂，大部分都是转基因大豆油，或者经过氢化处理的转基因大豆油；制作汉堡和热狗用的面粉，也很可能是转基因小麦制成的面粉。又比如说，你吃到的各种美味饼干和曲奇，很可能也一样用着转基因油脂、转基因面粉、转基因玉米粉等。

还有一个让转基因食品进入千家万户的途径，就是市场上销售的"调和油"和大豆油。便宜的调和油当中，往往会有很大比例的来自美国的转基因大豆油。由于这种油价格比国产豆油更为低廉，它已经深入所有餐馆和市民家庭。只要仔细看看包装上的注明，如果没有声明不含转基因成分，就很可能含有。

误区4 / 认为转基因食品吃了就会引起明显的健康危险

二十年来的研究证实，转基因食品对人并没有明显毒性，人们不必把它看成洪水猛兽。虽然有不少食用后对肠道菌群产生影响的负面报道，但没有引起致命性的严重后果。然而，从生态环境的角度来说，它对环境的威胁是世界公认的。它的危害，很可能要到几十年甚至更长时间才能充分表现出来，而那时候几乎没什么办法来恢复了。所以，全世界环保人士都坚决反对发展转基因食品。他们指出，转基因食品对营养品质和安全品质都没有任何好的影响，也不能消除饥饿和营养不良，却会威胁环境，为何要发展它呢？

美国是世界第一大转基因食品生产国，而欧盟不许可其生产和销售。我国对转基因食品持宽容态度，但已经立法规定，如果产品中含有转基因成分，应当在包装上加以注明，让消费者拥有知情权。实际上，这个法规执行得并不理想，因为很多含有转基因产品配料的加工食品，根本就没有注明出来。

客观认识转基因食品

2010年，农业部颁发了两种转基因抗虫水稻的生物安全证书，这是中国第一次颁发转基因主粮的生物安全证书。政府对转基因主粮的关注引起了专业人士和民间组织的激烈争议。这里作一客观介绍：

转基因并没有违背自然规律。转基因是指将某种生物中含有遗传信息的DNA片段转入另一种生物中，经过基因重组，使这种遗传信息在另一种生物中得到表达。转基因可以自然发生，并非违反自然规律，而是人类掌握自然规律之后加以利用，为人类服务。科学技术没有好坏之分，关键是在于人类如何使用。

所有食品都没有绝对的安全性。我们判断一种食品是否安全通常是根据经验判断，是一种不完全归纳法。过去没有发现危害，不代表在我们观察能力所及范围之外没有发生危害，也不代表将来不发生危害，因此不完全归纳法不能提供绝对的证明。转基因食品如此，非转基因食品也是如此。传统的非转基因食品也未必是绝对安全的。所以转基因食品的安全性，并不能因为某一个人的不良反应而将其否决，因为现实中绝对的安全根本就不存在，我们只能对比转基因食品与传统食品安全性以及其收益是否超过风险。

监督力度前所未有。事实上，由于转基因食品出现时人类在评价食品安全性方面已经积累了相当丰富的经验，食品管理法规也比过去任何时候都要严格，所以转基因食品得到的研究和监督也是过去所有食品在进入人类食谱时都未得到过的，能够在这种监管机制下过五关斩六将，进入食品市场的转基因食品有理由得到应有的信任。

合理质疑越多，商品化生产才越安全。基于证据和逻辑的理性反对意见，建立良好的监督预防机制，提出的合理质疑越多，能堵住的安全漏洞也越多，转基因主粮真正商品化的时候就越安全。

转基因不全好，但也不全坏。证明一件转基因产品的安全也不等于证明所有转基因产品的安全。转基因产品是许多产品的总称，有些产品对人类的好处大于风险，有些产品则风险大于收益，因此应该分别对待，而不能一概而论，简单的二极思维是无法正确处理好转基因这么复杂的科学技术的。在全球面临粮食危机的时候，转基因食品为我们提供了一种值得一试的解决方法。落实到转基因食品的批准和监管，应该一个产品一个产品地严格进行，这也对与其相关的各项技术提出了更高的发展要求。

让转基因技术更安全

目前市场上的大豆大部分是转基因大豆，被转入了某种基因，让大豆具有了抗除草剂或抗虫害的能力，这样便于田间管理、减少农药使用、降低生产成本，对环境保护和农民有好处，对消费者则没有明显的好处。这类转基因作物有时被称为第一代转基因作物。

最近美国农业部批准了由杜邦公司研发的一种转基因大豆新品种的种植。这种转基因大豆油酸的含量比较高，比现有的任何大豆品种的油酸含量都高，榨出的油很稳定。通常，人们要用化学方法对食用油进行加工，通过氢化作用产生反式脂肪酸。反式脂肪酸比较稳定，便于储存，但是对健康有害。这种新的转基因大豆油由于已经比较稳定，不必再进行化学加工，不含反式脂肪酸，而且另一种对健康有害的脂肪酸——饱和脂肪酸的含量也降低了20%。像这样改良了食物的营养成分，对消费者的健康有益，能让消费者直接体验到转基因的好处的作物，称为第二代转基因作物。

抗除草剂或抗虫害转基因大豆是用"加法"研发出来的，即转入一个外源的新基因。高油酸转基因大豆则是用"减法"研发出来的，让大豆种子中与脂肪酸的合成有关的一个基因不起作用，称为让基因的表达"沉默"。

实际上，基因沉默技术并不是什么新一代或第二代转基因技术。1994年批准上市的第一种转基因食品——转基因番茄就是用基因沉默技术研发的。以前人们要趁果实还是绿色的时候就采摘下来，没有成熟的番茄被运送到商店后，喷上乙烯将它们催熟，变成红色再摆出去卖。这种人工催熟的番茄没有自然成熟的好吃。因为番茄成熟后，皮也软了，运输过程中容易破，能不能让成熟的番茄皮不变软呢？

科学家发现，番茄的皮变软，是因为有一种叫做多聚半乳糖醛酸酶的酶把细胞壁中的胶质给分解了。后来科学家把编码这种酶的基因克隆出来，测定了它的序列。然后合成一个和它相反的"反义基因"。把"反义基因"转入到番茄细胞中去，会干扰原来基因的活动，让它再也没有办法合成多聚半乳糖醛酸酶，细胞壁中的胶质不会被分解掉，番茄即使成熟了，皮也不会变软。人们就可以等到它自然成熟了再采摘，不用担心不好运输。这样，自然成熟的转基因番茄吃起来就要比人工催熟的普通番茄好吃，而且可以存放很长时间也不会坏。由于转入的"反义基因"只干扰聚半乳糖醛酸酶的基因，不会干扰其他基因，因此转基因番茄的营养成分没有发生变化。

目前市场上的木瓜大部分都是抗病毒转基因木瓜，它们在研发时也用到了基因沉默技术。采用"减法"要比"加法"的健康风险更低。人们主要担心的是，给作物转入新的基因，生产的新蛋白质会不会有毒副作用或引起过敏。而采用基因沉默技术不让某个基因表达，或者采用基因剔除技术把不想要的基因去除掉，也能改变植物的性状。有时候，只增强或降低已有基因的表达也能达到我们的要求。这些做法都没有引入新的基因，因此也就不用担心新蛋白质会有问题。

此外还有别的方法让转基因食品变得更安全。例如，如果要引入新基因，可尽量转入其他可食用作物的基因，或者让转入的基因只在非食用的组织表达出来，就不用太担心它产生的新蛋白质能不能吃了。不久前我国获得安全证书的抗虫害转基因水稻就是只让抗虫害基因在非食用的部位表达，在胚乳中则不表达。所以即使你对抗虫害基因的产物的安全性有疑虑，也可放心食用，因为在米饭中不含该产物。采用这些技术研发转基因作物新品种，并不意味着其他的转基因作物就是不安全的，只不过安全风险更低而已。任何食品都有不同程度的安全风险，任何技术都有可能产生不可预知的后果。

如何科学选择日常烹调用油

二十年前，人们到粮店里买混油暗淡的粗油；如今，人们在超市货架上可以看到十几种甚至更多包装漂亮、质地清澈的高档烹调油，令人眼花缭乱，不知如何选择。实际上，各种烹调油都有自己的营养特点，许多方面难分高下。只要使用得当，就可以给自己和家人带来健康。在购买烹调油的时候，应当掌握什么原则呢？

1. 看等级。按照国家相关标准，市售烹调油必须按照质量和纯度分级，达到相应的质量指标。建议消费者全部选择一级烹调油，它们经过沉降、脱胶、脱酸、脱色、碱炼等处理，纯净、新鲜，不含毒素，杂质极少。

2. 看种类。目前的市售烹调油有来源单一的油，例如茶籽油、大豆油、花生油等，其中所含的脂肪酸各有特点；也有几种油脂混合而成的油，也就是调和油。调和油的原料通常是大豆油、菜籽油、花生油、棉籽油、葵花籽油和玉米胚油等。

3. 看生产日期。在购买很多食品时，消费者都喜欢仔细看一看生产日期和保质期；然而在购买油脂的时候，很多人都忽视了这一点。实际上，油脂的质量和新鲜度关系极为密切。新鲜的油脂较少含有自由基和其他氧化物质，也富含维生素E，而陈旧的油脂对健康的危害不可忽视。应当尽量选择生产日期近、颜色较浅、清澈透明的油脂，最好是在避光条件下保存的油脂。没有生产日期的散装油脂质量无法保证，很可能发生酸价和过氧化值超标的问题，因此不要因为贪便宜去购买它们。

4.看年龄。对于孩子和青年人来说，各种植物油脂都可以用，黄油也可以少量使用，以增添风味、改善口味，但植物奶油中的反式脂肪酸对儿童神经系统发育不利，要尽量少吃。对老年人来说，由于黄油和植物奶油的饱和脂肪酸含量过高，植物奶油中的反式脂肪酸更会增大糖尿病和心血管疾病风险，应当尽量避免使用这些油脂。对于高血脂患者来说，选择富含单不饱和脂肪酸的茶油和橄榄油更为理想，花生油和玉米油也是比较好的选择。

合理选用食用油有利于健康

食用油涨价必然引起大家广泛讨论。老百姓面对超市不同价位的食用油，如茶油、猪油、转基因油等犹豫不决：该怎样选择价廉物美、适合自己的食用油？

过多食用动物油危害大。食用油根据来源的不同分为动物性食用油和植物性食用油，来源于天然动物油脂，并经精炼后的食用油称为动物性食用油，如黄油、牛油、猪油等。来源于天然植物油脂（包括草本、木本油脂），并经精炼后的食用油称为植物性食用油，如市面上销售的大豆油、菜籽油、花生油、橄榄油。动物油，含饱和脂肪酸和胆固醇较多，过多食用易引起高血压、动脉硬化、冠心病、高脂血症及脑血管意外，对人体不利。但动物油味道较香，具有促进脂溶性维生素A、维生素D、维生素E、维生素K等的吸收作用。另外，动物油中的胆固醇还是人体组织细胞的重要成分，是合成胆汁和某些激素的重要原料。一定剂量的动物油（饱和脂肪酸）对人体是有益的。过多地食用动物油才会造成负影响。动物油与植物油以3∶7的配比作为一般人的食用油是合理的。

转基因油消费者应享有知情权。全球粮荒使得食用油的原料有限，随着科技的发展，采用转基因的方法就能够解决这一供需矛盾，因此未来这种油有着广阔的发展空间，但是其安全性问题也一直是科学家争论的焦点。因此，应对转基因食品进行标识，转基因食品生产企业应该在其产品包装上进行标识，这不仅是国家有这方面的严格规定，同时也反映了企业的诚信问题。消费者应当享有知情权和选择权。消费者可以自由地决定是否选择转基因食用油。

素食者、肉食者用油有差别。世界卫生组织（WHO）推荐的人类脂肪酸标准模式为饱和脂肪酸∶单不饱和脂肪酸∶多不饱和脂肪酸＝1∶1∶1。美国农业部（USDA）和卫生部（DHHS）近期发布的由食物指导金字塔提供的脂肪成分水平为饱和脂肪酸∶单不饱和脂肪酸∶多不饱和脂肪酸=9∶10∶8。在我们的日常生活中，还需要考虑人们的膳食习惯。如有人喜欢吃较多的肥肉，而肥肉富含饱和脂肪酸，这时，他应选购富含不饱和脂肪酸的低芥酸菜油、玉米胚芽油、红花油、高油酸葵花籽油为食用油。如有人不喜欢吃肉，喜爱吃素，他可多选用一些富含饱和脂肪酸的棉籽油、棕榈油等食用油，或以动物油与植物油以3∶7的配比作为正常健康人的食用油。

心血管病患者多食不饱和脂肪酸油。饱和脂肪酸高的膳食脂肪（简称饱和脂肪）一般会导致血胆固醇浓度的上升。因此，世界卫生组织（WHO）建议，饱和脂肪酸在膳食脂肪中含量不能超过1/3。即饱和脂肪的摄入量少于膳食总能量的10%。如果血胆固醇浓度还高时，更进一步降低至7%以下。而食用单不饱和脂肪酸油酸与食用碳水化合物一样，不会造成血胆固醇浓度的升高。在膳食中，华中农业大学食品学院教授、油脂专家吴谋成建议单不饱和脂肪的摄入量占摄入总能量的5%～10%。多不饱和脂肪酸是导致血胆固醇浓度下降的主要脂肪酸。通常假设饱和脂肪酸升高血胆固醇作用是多不饱和脂肪酸降低血胆固醇浓度作用的两倍。因此，多不饱和脂肪酸与饱和脂肪酸的比值（P/S）是评价某一膳食对血胆固醇浓度水平的影响的标准方法。所以，对于患有胆固醇过高、动脉硬化等疾病的中、老年人以及心血管疾病患者，多不饱和脂肪酸含量是饱和脂肪酸含量两倍以上的食用油是具有良好保健作用的较理想的保健用油。如玉米胚芽油、低芥酸菜油、棉籽油、燕麦油、红花油、大豆油、芝麻油和葵花籽油等。

用油不合理致癌风险高。食用油选择不当也有可能会诱导和促进癌症的发生。过量的食用油会促发化学物质诱发前列腺癌。高膳食脂肪的发达国家癌症的发病率远高于食用脂肪较少的较贫穷的发展中国家。因此，对于癌症患者，一是建议选用含ω-3多不饱和脂肪酸的食用油，如亚麻油、紫苏油、低芥酸菜油等食用油；二是建议减少食用油的摄入，一般控制在总能量的15%以下为好，每天摄入量在40克以下。有助于癌症患者的康复。

肥胖患者每天用油控制在30克。肥胖的起因非常复杂，它包括遗传因素、神经内分泌因素、膳食异常、社会环境因素和能量代谢异常等。多数认为肥胖是遗传与膳食异常共同作用的结果。正常人1天的能量消耗大约是10056千卡。只有当摄入能量不足时，才会消耗体内的积存脂肪，这种情况称为能量赤字。一般来说，能量赤字达14630千卡时，体重可减轻454克，丢失的主要是脂肪（454克脂肪代谢后产生510克水）。因此减少能量的摄入，特别是脂肪的摄入，可达到减肥的目的。肥胖人的膳食建议用油应以植物油为主，少含饱和脂肪酸，控制食用油的量不超过总能量的10%，即每天控制在30克左右为好。

孕妇应多食用亚油酸、亚麻酸。对孕妇来说摄取亚油酸、亚麻酸尤为重要。因为α-亚麻酸（n-3）被人体吸收后，在体内能生成二十碳五烯酸（EPA）和二十二碳六烯酸（DHA）。二十碳五烯酸（EPA）和二十二碳六烯酸（DHA）在视网膜和大脑的结构膜中起重要作用，对胎儿的神经系统、脑和视网膜的发育起着重要作用。亚油酸（n-6）及多不饱和脂肪酸不仅与降血脂关系密切，且与生长发育、生殖有直接的关系，而且又是合成前列腺素必不可少的前体物质。而前列腺素具有促进血管舒张、刺激子宫平滑肌收缩等重要而广泛的生理作用。吴谋成说："孕妇在开始怀孕时就应多摄取亚油酸、亚麻酸含量高的油类，如玉米胚芽油、红花油、亚麻油等。进入哺乳期也应如此，以便婴儿从母乳中获得足够的营养。"

认识各种烹调油

不同来源的植物油营养价值略有差别，但有一点是共同的：它们都富含不饱和脂肪酸，只是油酸、亚油酸和亚麻酸的比例不同。大多数植物油也富含维生素E，并有一定数量的维生素K。动物油的饱和脂肪酸比例较高，维生素E的含量微乎其微，大多含有胆固醇。各种油脂的特点如下：

大豆油：有大豆特有的风味。大豆油含单不饱和脂肪酸约24%，多不饱和脂肪酸偏高，约占56%，维生素E含量比较高。它在高温下不稳定，不适合用来高温煎炸，故而往往被加工成色拉油等。

花生油：有独特的花生风味。花生油的脂肪酸组成比较合理，含有40%的单不饱和脂肪酸和36%的多不饱和脂肪酸，富含维生素E。它的热稳定性比大豆油要好，适合日常炒菜用，但不适合用来煎炸食物。花生容易污染黄曲霉，产生强致癌物黄曲霉毒素，所以一定要选择质量最好的一级花生油。

橄榄油：价格最为高昂。它的优点在于单不饱和脂肪酸含量可达70%以上。研究证实，多不饱和脂肪酸虽然可以降低血脂，却容易在体内引起氧化损伤，过多食用同样不利于身体健康；饱和脂肪酸不易受到氧化，但却容易引起血脂的上升。单不饱和脂肪酸则避免了这两方面的不良后果，而且具有较好的耐热性，因而受到人们的特别重视。橄榄油可用来炒菜，也可以用来凉拌。其缺点是维生素E含量比较少。

橄榄油来源于橄榄果。专为取油的橄榄，称为油橄榄。目前全世界橄榄油的总产量仅占世界食用植物油脂产量的3.3%，所以橄榄油就更显得珍贵。橄榄油是世界上公认的最好的木本食用植物油，是"地中海式膳食结构模式"中的主要食用植物油，被世界卫生组织（WHO）推荐为对人体心血管健康有益的保健型营养油脂。橄榄油最大的特点是其单不饱和脂肪酸含量超过70%，亚油酸等多不饱和脂肪酸含量超过10%，油中还含有维生素E、维生素D、维生素K和胡萝卜素（维生素A源），更重要的是其中含有角鲨烯成分，角鲨烯是一种生理活性成分，有很好的富氧能力，可抗缺氧和抗疲劳，具有提高人体免疫力及增进胃肠道吸收的功能。

茶籽油：从山茶科油茶树种子中获得，又名茶油、茶树油或山茶油。茶油与橄榄油一样，含有具有保健作用的维生素E、维生素D、维生素K、胡萝卜素（维生素A源）、角鲨烯等生理活性成分，而且，茶籽油的单不饱和脂肪酸含量超过80%，亚油酸等多不饱和脂肪酸含量也超过10%，更重要的是，茶籽油还含有橄榄油中所没有的茶多酚和山茶苷（即茶皂苷、茶皂素）。根据美国国家医药中心实验证实，茶籽油中的茶多酚和山茶苷对降低胆固醇和抗癌有明显的功效。此外，茶籽油还具有明显的延缓动脉粥样硬化形成的作用，具有调节血脂和提高免疫力的作用。因此可以说，茶籽油是一种比橄榄油更具保健作用的食用油。精炼茶籽油风味良好、耐储存、耐高温，适合作为炒菜油和煎炸油使用。使用橄榄油的家庭可以用茶籽油作为替换品。

葵花籽油：也称向日葵油，有独特香气。不饱和脂肪酸含量达85%，其中单不饱和脂肪酸和多不饱和脂肪酸的比例约为1∶3.5，这一点逊色于橄榄油和茶籽油。但葵花籽油中含有大量的维生素E和抗氧化的绿原酸等成分，抗氧化能力较强。精炼葵花籽油适合温度不高的炖炒，但不宜单独用于煎炸食品。

玉米油：玉米油也称粟米油、玉米胚芽油。其脂肪酸组成与葵花籽油类似，单不饱和脂肪酸和多不饱和脂肪酸的比例约为1∶2.5，特别富含维生素E，还含有一定量的抗氧化物质阿魏酸酯，它降低胆固醇的效能优于大豆油、葵花籽油等高亚油酸的油脂，也具有一定的保健价值。玉米油可以用于炒菜，也适合用于凉拌菜。

芝麻油：也就是香油。它富含维生素E，单不饱和脂肪酸和多不饱和脂肪酸的比例是1∶1.2，对血脂具有良好影响。它是唯一不经过精炼的植物油，因为其中含有浓郁的香味成分，精炼后便会失去。芝麻油在高温加热后失去香气，因而适合做凉拌菜，或在菜肴烹调完成后用来提香。

调和油：调和油由两种以上脂肪酸比例不同的植物油脂搭配而成，以满足不同的特定人群，特别是病人和亚健康人群。它具有良好的风味和稳定性，价格合理，适合于日常炒菜使用。

黄油：含脂肪80%以上，其中饱和脂肪酸含量达到60%以上，还有30%左右的单不饱和脂肪酸。黄油的热稳定性好，而且具有良好的可塑性，香气浓郁，是比较理想的高温烹调油脂。其中维生素E含量比较少，却含有相当多的维生素A和维生素D。

植物奶油：学名为"氢化植物油"，也称"植物黄油"。它是大豆油经人工加氢制造的产品，口感和烹调效果类似黄油，脂肪酸比例也类似黄油。其中不含有胆固醇，却含有不利于人体健康的"反式脂肪酸"，营养价值比黄油更低。

八成进口橄榄油掺兑造假牵涉13家生产商

橄榄油具有许多其他食用油所不具备的优点，被誉为世界上最健康的食用油，因此它赢得了世界各地越来越多消费者的青睐，其中欧洲第二大橄榄油生产国意大利出产的橄榄油因其卓越的品质最受追捧。

但媒体爆出的一则新闻却使意大利橄榄油的良好口碑丧失殆尽。据2011年12月26日英国《每日电讯报》报道，意大利展开的一项调查显示，大约80%产自意大利的橄榄油都掺兑了来自地中海地区其他国家的劣质油。这一调查是由意大利海关、警方和该国最大的农业协会Coldiretti联合展开的。他们之所以进行调查是因为之前有调查人员发现意大利每年进口橄榄油47万吨，而出口却只有25万吨，进出口量之间的差距过于巨大。调查结果显示，为了满足国际市场对橄榄油不断增长的需求，意大利一些利欲熏心的生产商竟然把产自希腊、西班牙、摩洛哥和突尼斯的廉价橄榄油掺兑到意大利橄榄油中，冒充高端初榨橄榄油。据称，意大利13家最大的橄榄油生产商都牵涉其中。据悉，有相当一部分掺了假的意大利橄榄油出口到了像英国这样能够带来丰厚利润的海外市场。在意大利国内，一些笃信本国品牌的消费者也成了受害者。Coldiretti组织已经要求意大利政府加强对国内橄榄油行业的检查，有报道称，意大利橄榄油行业每年产值高达50亿欧元。2012年1月，两名西班牙商人因为销售掺假的橄榄油而被判处入狱两年。在他们卖出的数万升所谓"特纯初榨橄榄油"（Extravirgin olive oil）中，只有不到30%的成分是真正的橄榄油，70%~80%是廉价的葵花籽油。

　　针对意大利橄榄油被曝掺兑劣质油的情况，我国国家质量监督检验检疫总局对此发布预警，要求各地检验检疫机构加强对意大利输华橄榄油的检验监管，确保进口橄榄油符合我国食品安全国家标准。并紧急照会意大利驻华大使馆，要求意方尽快核实情况，向我国提供涉嫌掺兑企业的相关信息，敦促意方进一步加强质量管理，确保输华橄榄油的质量安全。

如何鉴别橄榄油的优劣？

　　看品名分类　橄榄油的名称按其等级由上至下分为特级初榨（原生）橄榄油、原生橄榄油、普通原生橄榄油、油橄榄果渣油等。市场上一些标为"100%纯橄榄油"的产品往往是精炼橄榄油和原生橄榄油的混合油。

　　看加工工艺　如果是特级初榨（原生）橄榄油，通常是冷榨（标签上会标明 Cold Pressed或 Cold Extracted）。还有一种加工方法是精炼法（Refined）。按照我国新的食用油管理办法，加工方法必须在标签上注明。

　　看装瓶地点　进口橄榄油分原装和分装两种，前者的安全概率相对高，两者可从油瓶背面下方的食品条码进行区分。如果条码是60或者69，就很可能是大桶进口然后国内分装。而意大利原装的条码是80~83，希腊的条码是520，西班牙是84。

　　看品质证书　合法进口的橄榄油应有出口国官方证书、品质证明文件、中国官方证书等，国外厂商的质量认证很重要，其中HACCP（危险分析与关键点）控制认证及ISO9001质量管理系统认证能证明该厂商的规模和正规程度。

看产品包装　橄榄油对光敏感，光照如果持续或强烈，橄榄油易被氧化，因此，建议购买深色玻璃瓶包装，或不易透光的器皿包装，这样，保存的时间会较长，且橄榄油中的营养不易被破坏。

正确认识"压榨油"和"浸出油"

"浸出油"和"压榨油"的加工方法不同。"浸出油"是应用化学萃取的原理，选用某种能够溶解油脂的有机溶剂，通过与油料的接触，使油料中的油脂被萃取出来。"压榨油"是用物理压榨法，油料经去杂、去石后进行破碎、蒸炒、挤压，让油脂从油料中分离出来。这个过程生产的油脂只是"毛油"，还需经过各种后续加工处理，符合国家食用油相关标准，才是合格的油脂产品。

🔍 如何判断肉食是否添加有亚硝酸盐

看颜色。没有添加亚硝酸盐的熟肉颜色不可能是粉红色的。鸡肉煮熟之后应当是白色或灰白色，猪肉应当是灰白色或浅褐色，而本来红色的牛羊肉应当变成浅褐色至褐色。如果肉的颜色是粉红色，而且这种粉红色从里到外都一样，那么一定是添加了亚硝酸盐发色。

品味道。硝酸盐较多的肉还有一种类似于火腿的味道，和正常的肉味已经不太一样。需要特别提示的是，现在各种烧烤肉制品、羊肉串、腌制品，以及驴肉、鹿肉、羊杂、内脏等，几乎所有的肉制品都会加入亚硝酸盐。一些所谓"传统工艺制作"的产品，哪怕是鸡、鸭制品也不能幸免。只要看到肉色有粉红色就足以证明加了亚硝酸盐。正规肉制品厂的产品是可以放心食用的，他们添加亚硝酸盐时会控制用量，也有国家相关部门的检查管理。但小作坊、餐馆、农贸市场的产品一定要非常当心，因为他们没有定量控制的能力，完全凭手感添加，所以亚硝酸盐超标问题难以避免。

正确认识食品标签

食品标签是指预包装食品容器上的文字、图形、符号，以及一切说明物。食品标签的所有内容，不得以错误的、引起误解的或欺骗性的方式描述或介绍食品，也不得以直接或间接暗示性的语言、图形、符号导致消费者将食品或食品的某一性质与另一产品混淆。此外，食品标签的所有内容，必须通俗易懂、准确、科学。食品标签是依法保护消费者合法权益的重要途径。食品标签一般包括以下几个部分：

食品添加剂：为改善食品的品质和色、香、味，以及为防腐和加工工艺的需要，加入食品中的化学合成物质或天然物质。

配料：在制造或加工食品时使用的并存在（包括以改性形式存在）于最终产品中的任何物质。包括水和食品添加剂。

保质期（最佳食用期）：指在标签上规定的条件下，保持食品质量（品质）的期限。在此期限，食品完全适于销售，并符合标签上或产品标准中规定的质量（品质）；超过此期限，在一定时间内食品仍然是可以食用的。

科学认识食品保质期

食品保质期又称最佳食用期，国外称之为货架期，指在食品标签指明的贮存条件下，保持品质的期限。在适宜的贮存条件下，超过保质期的食品，如果色、香、味没有改变，在一定时间内可能仍然可以食用。这是厂家的一个承诺，在此期限内，并不意味着就坏了，只是厂家不再担保。有时候，食品过期可能只是外观不那么诱人，或者口感没有那么好，这样的食品，也还是能吃的，不过问题在于，它可能会出现致病细菌数量过多等问题，吃了生病的可能性增高了。而且，你无法判断它发生了什么变化。

食品的变质是一个连续渐变的过程，而这个变化过程，又受生产工艺和保存条件的影响。如采用巴氏消毒的牛奶，冷藏两周一般细菌还不会超标；而采用超高温灭菌的牛奶，常温下放几个月乃至几年都不会长细菌。同一种食品，技术好的厂家可实现更长的保质期。

食用过期食品不一定会出现问题，只是出现问题的概率升高了。食品腐败变质是一个缓慢发生的过程，即使是在保质期内，食物也已经开始慢慢变坏。

食品包装上标示的保质期一般是生产厂商自己决定，表示在此期限内食用口味最佳。但实际上，很多食物即使刚过了保质期，也还能食用。因此，保质期只是一个大致参考的期限。相反，消费者如果在保质期内食用食品后身体出现了什么不适，生产厂商是负有责任的。

对过期食品的惩处

我国法律对于过期食品的去向问题，一直没有明确规定，仅要求销售者如实记录食品的保质期和销售日期，如食品已经超过保质期，应立即停止销售，撤下柜台销毁或者报告工商行政管理机关依法处理。这种不清晰的界限加上监管不力，导致了过期食品的处理长期处在混乱状态。大部分商场和超市通过协议退货的形式，把过期或者临近过期的食品退还给生产企业，这就给生产企业将过期产品重新用作原料再生产留下了可乘之机。

按照法律规定，伪造或者虚假标注食品生产日期和保质期者，可处500元至1万元罚款。除此之外，如果食品足以造成严重食物中毒事故或者其他严重食源性疾患，则可能构成生产、销售不符合卫生标准的食品罪，后果特别严重者，处七年以上有期徒刑或者无期徒刑，并处罚金或者没收财产。

辨别过期食品

购买食物，要通过看外观、看包装、看是否胀袋、是否有沉淀、闻气味等方法仔细鉴别，而对于商家玩的"障眼法"，消费者也要炼就"火眼金睛"。

辨别包装出厂食品。首先，看日期色泽。真的生产日期标注，干净利落、色泽发亮，假的生产日期标注通常模糊不清，日期周围留有墨迹。有的食品，在改日期时，因为原日期可能擦拭不干净，就会在同一个袋子上出现两个日期。其次，可以用手擦拭。产品包装上的原生产日期，一般是钢印打上或电喷的生产日期，用手无法直接将其擦掉。而改过的生产日期，用手轻轻一抹，颜色便开始变浅，再用力抹几下，生产日期变得一团黑，看不出字的模样。第三，看日期颜色。一些正规大厂家为了避免过期食品被小商贩更改日期而故意选用难以模仿的烫金字，而违法供货商造假时通常都会选择成本较低的黑色原料。

小心超市自制食品。仔细查看生产日期和保质期等标识，注意包装是否完好，标签不完整、包装破损的不要购买，必要时可闻一闻有无异味。尽量选择新鲜的、刚出锅的产品，少购买容易腐败变质的凉拌菜。熟卤制品买回去后最好再重新加热，凉拌菜买回家最好再增加一些醋、蒜等调味品杀菌。警惕自制食品的打折促销活动，此类活动大多是针对马上过期的食品进行的，安全指数不高，不要贪图便宜而大量购买。

消费者维权

消费者一旦发现购买到过期食品，拥有要求生产者或者销售者支付十倍价款赔偿金的权利。

酒精度大于等于10%的食品可以免除标示保质期

《食品安全国家标准 预包装食品标签通则》（GB 7718—2011）中第4.3.1条规定"下列预包装食品可以免除标示保质期：酒精度大于等于10%的饮料酒、食醋、食用盐、固态食糖类、味精"。这几种食品由于产品自身的特性使其质量不易变质，因此可以免除标示保质期。但是，免除标示保质期并不代表对产品质量的放松。相反，生产企业所承担的责任更大，因为生产企业必须保证这类产品只要存在于流通领域中，就要一直对产品质量负责。

牛初乳不适合用于加工婴幼儿配方食品

牛初乳是乳牛产崽后7天之内的乳汁，属于生理异常乳，其物理性质、成分与常乳差别很大，产量低，工业化收集较困难，质量不稳定，不适合用于加工婴幼儿配方食品。我国对婴幼儿配方食品的原料采取严格的安全性评估制度，列入婴幼儿配方食品相关标准后方准许使用。制定婴幼儿配方食品标准的首要原则是安全性。长期食用牛初乳对婴幼儿健康影响的国内外科学研究较少，缺乏牛初乳作为婴幼儿配方食品原料的安全性资料。目前，牛初乳未列入婴幼儿配方食品标准及相关标准中。国际上也未允许将牛初乳添加到婴幼儿配方食品中。我国进口的牛初乳主要来自澳大利亚和新西兰。澳大利亚将牛初乳作为补充类药物管理，新西兰规定添加牛初乳的膳食补充剂类食品不得用于0~4个月婴儿。根据以上情况，国家卫生部作出了婴幼儿配方食品不得添加牛初乳以及用牛初乳为原料生产乳制品的规定。

野生鱼不一定比人工养殖鱼更安全

评价鱼的安全性要考虑鱼自身是否含有毒素、鱼生长环境中的重金属和化学物质的污染情况、受寄生虫感染的情况等多个方面。野生鱼由于活动范围广，来源不可知，因而其安全性不可知。符合国家相关管理要求的人工养殖鱼类，由于水域环境符合渔业水质，渔药、鱼饲料按相关管理规定使用，安全可控，是可以放心食用的。

刚刚宰杀的肉虽味道鲜美但不一定安全

由于屠宰过程中烫毛等工序和宰后动物肌肉僵直，导致肉温升高，为细菌的过度繁殖创造了条件，使食物中毒的危险性升高。动物宰杀后，使用制冷设备在24小时内将肉温降至0~4℃，在有效抑制细菌繁殖的同时，确保肌肉纤维经过僵直、解僵、成熟等过程，形成氨基酸、肽类等营养物质，此时肉质柔软有弹性，好熟易烂，味道更鲜美，营养价值更高。

抢购加碘食盐与科学素养

2011年日本地震引发海啸并且引起核泄漏事件，很多人都在关注灾难中的日本民众，但令人始料不及的是，这时却在中国涌起了加碘食盐的抢购风潮。许多商店的食盐被抢购一空，人们排着队去抢购食盐，竟然是因为据说食盐加碘可以防核辐射。

在这新一轮的抢购风潮里，媒体一再重申加碘盐起不到防辐射的作用。起初，各大媒体认为之所以会产生这种情况，主要有两个方面的原因：一是认为日本的核辐射会使将来的食盐带有辐射，二是认为碘可以起到防止核辐射的作用，而食盐里恰好加碘。国家发展和改革委员会为了维持食盐的稳定，一再重申食盐供应充足，足够三个月，让大家不要轻信谣言。后来，又有媒体爆料说这是有人故意借机炒作，来达到食盐股份的套空。谣言一破，人们又都开始纷纷退回自己买的多余的食盐了。

我国民众又实实在在地被耍了一番，而这也并不是没有前例。在"非典"时期，人们一哄而上抢购中药材，因为谣言说中药材可以预防"非典"。在"非典"过后，人们似乎没有做到知错就改，反而又再次犯了错，又实实在在地被谣言耍了一番。反复发生的事情，我们就要反思其反复发生的根本原因，不能再糊里糊涂地过去了。

在这两次事件里，民众都很轻信谣言，被人说什么就是什么，很少有意识地去作认真的证实。谣言本来很容易破，只要有足够的常识就够了。而我们的民众所缺乏的就是科学常识。由于缺乏常识，我们就没有足够的智慧去辨别事件的真假，是谣言流言还是事实如此。怀着将信将疑的态度，在从众心理的影响下，民众只要看到有那么几个人相信了那些谣言，就觉得此事绝对可信。于是，在这几个人的带动下，越聚越多，就形成了足够令几乎所有民众都不得不信的势力。

缺乏常识的可怕，让许多民众吃够了苦头。信息不对称是一个方面的原因，另一个更为重要的原因就是我们缺乏对民众科学素养的培养。在一个无菌的环境里，一个人可以生长得很好，但只要遇到外界有菌的环境，身体就极有可能遭到极大的破坏。假如这个人平时就接触到有菌的环境，他身体的免疫力和抵抗力必然加强。即使遇到很大的灾难，他也有足够的经验做出智慧的判断。民众也是如此，只有让民众在平时生活里不断通过"细菌"加强自己的"免疫力"，才可以在"流感"到来之时拥有足够的抵抗力。民众只有在生活里培养科学常识和意识，才可以在谣言、流言面前拥有足够的辨别力，不足以被少数别有用心的人利用。

常识的培养，是一个国家公民素质培养的一个重要方面。加强常识的培养，也是我们现在以及将来所必须补充的一门课。

 # 如何辨识优质不锈钢产品

目前市面上的不锈钢制品大都没有对镍铬含量做说明，消费者该如何辨识优质和劣质不锈钢制品呢？

1. 用磁铁测试。磁铁吸附不上的产品质量较高，而能牢牢吸住的肯定不是好的不锈钢，证明其含镍量少，也就是抗腐蚀能力差。测试时，较准的方式是吸不锈钢容器的底部，因为容器的边缘有时会因为抛光产生磁性，在测试时也会吸得住。不过，这个方法在添加了锰的不锈钢制品中并不适用。如果锰的含量在国家标准要求的2%以下，磁铁测试法就奏效。但如果不按照这个标准，加入的锰超过标准限定值，磁铁同样吸不住。因此，磁铁测试不是一种万无一失的方法，它的前提是企业的产品质量合格。

2. 不选过于便宜的。最好不要买小摊小贩手中的所谓不锈钢制品。街上有很多那种"地摊货"，老板经常会打着很低的价格来吸引消费者，事实上，地摊上的不锈钢大部分都是假的，真正的不锈钢制品是不会那么便宜的，因为产品的价格都是根据制作材料的成本高低决定的，那种轻飘飘的"不锈钢"肯定不是食用级的不锈钢，所以千万不要贪图便宜去买那些伪劣产品，否则会有损身体健康。

3. 掂分量。一般情况下，合格的不锈钢餐具比不合格产品的重量会更重一些。

如何辨别保健食品标志

我国保健食品专用标志为天蓝色图案，呈帽形，业界俗称"蓝帽子"，下有保健食品字样。获得保健品批文的保健食品，获得批文以后可以在产品外包装上印刷保健品批文标志的蓝帽标签，标于展示版正面左上方。国家工商行政管理总局和食品药品监督管理总局规定，在影视、报刊、印刷品、店堂、户外广告等可视广告中，保健食品标志所占面积不得小于全部广告面积的1/36。其中报刊、印刷品广告中的保健食品标志，直径不得小于1厘米。

卫食健字：是我国对保健食品实行法定注册监管以来第一个国产保健食品的批准文号。"卫"代表中华人民共和国卫生部，"食"代表食品，"健"代表保健食品，因为保健食品是食品中的一个种类，仍旧属于食品的范畴。还有一类进口保健食品，批准文号为"卫食健进字"，其中的"进"代表进口。

国食健字G（J）：是由国家食品药品监督管理局批准的国产保健食品和进口保健食品的批准文号。"国"代表国家食品药品监督管理局，"G"代表国产，"J"代表进口。

提醒：保健品的批准文号是"卫食健字"或"国食健字（）第××号"。其中2003年以前通过审批的批号是"卫食健字"，2003年以后通过审批的批号是"国食健字"。而保健品的"药健字"在2004年前已被取消，市场上已不允许这种批号流通。原来由卫生部承担的保健食品审批职能已于2003年移交到国家食品监督管理局，所以目前市场上的保健品有两种批号，一种是2003年以前通过审批的"卫食健字"，另外一种是2003年以后通过审批的

卫食健字（4位年份代码）第……号
中华人民共和国卫生部批准
（2003年以前的国产保健食品批准
文号、保健食品标志）

卫食健进字（4位年份代码）第……号
中华人民共和国卫生部批准
（2003年以前的进口保健食品批准文号、
保健食品标志）

国食健字G20……
国家食品药品监督管理局批准
（2003年以后的国产保健食品批准
文号、保健食品标志）

国食健字J20……
国家食品药品监督管理局批准
（2003年以后的国产保健食品批准
文号、保健食品标志）

保健食品标志

"国食健字"，但没有"食字号"的保健品。而食品的批准文号则是"卫食字"号，平常也被称为"食字号"，通过其卫生许可证上即可看出其是"卫食字"。

保健食品标签和说明书需要标示哪些内容

《保健食品标识规定》中提出，保健食品的标签和说明书除了要符合对一般食品的各项要求外，还必须标明保健食品的保健作用、适合人群、食用方法和推荐用量、储藏方法、功效成分的名称及含量以及有关原料的名称、保健食品批准文号、保健食品标识。

保健食品标识中的保健食品名称、保健作用、功效成分、适宜人群和保健食品批准文号必须与《保健食品批准证书》所载明的内容相一致。

保健食品标识不得与包装容器分开，所附的产品说明书应置于产品外包装内。

消费者对保健食品认识的误区

误区1/ 保健食品概念不清 保健食品首先是食品，而且必须具有保健食品批准证书及"国食健字"批准文号等。

误区2/ 保健食品能治病 目前一些保健食品故意混淆保健食品与药品的界限，明示或暗示有治疗作用，其实无论是多么好的保健食品也不能替代药物的治疗作用，食品不能治病。

误区3/ 保健食品与药同用 患者在使用中、西药物治疗的同时，还服用营养保健品，以期达到辅助治疗的目的。这就产生了它们之间能否同用的问题。营养保健品常由滋补食品和补益中药组成，一般与中、西药物之间并无特殊配伍禁忌，可以同用。但少数补益中药与某些中、西药物之间确有配伍禁忌，若同用，一方面不利于保健食品作用的发挥，另一方面可能影响药物治疗效果或产生对人体有害的反应，应避免同服。

误区4 **盲目相信产品广告宣传** 凡是广告宣传声称自己的保健食品有"治疗"作用或"治疗"效果，都是违反有关法规规定的。

如何正确选择和食用保健食品

1. 检查保健食品包装上是否有天蓝色保健食品标志及保健食品批准文号（"国食健字×××号"，或"卫食健字×××号"两种，2003年7月以后保健食品由国家食品药品监督管理局批准）。

2. 检查保健食品包装上是否注明生产企业名称及其卫生许可证号。

3. 食用保健食品要依据其功能有针对性地选择，切忌盲目使用。

4. 保健食品不能代替药品，不可轻信"治疗""治愈""疗效""痊愈""医治"等字眼的广告宣传。

5. 保健食品应按标签说明食用。

6. 保健食品并不含有全面的营养素，不能代替其他食品，要坚持正常饮食。

7. 不能食用超过所标示有效期或变质的保健食品。

容易被非法添加药物成分的三类保健品

减肥产品 这类保健品可能被添加西布曲明等药物成分。由于西布曲明会增加心脏病和中风风险，已经在美国、欧盟地区、中国等国家和地区退市。

健美保健品 经常含有合成类固醇及类似成分。虽然类固醇能帮你练出更理想的身材，但同时可能引起严重的肝损伤，还会增加心脏病、中风风险，甚至导致早亡。

　　性保健品　如果保健品宣称能提高性能力的一定要小心，它可能添加了万艾可、希爱力或艾力达。这些药物成分只能作为处方药出售，而且患有心血管疾病的人不能服用。

理性购买保健食品

　　近年来，食品药品监管部门加大了市场监管力度，严厉查处违法产品，加强广告监测，及时将违法广告移交工商部门处理。同时，提请广大民众要理性购买保健食品，不要轻信一些广告内容，不要到临时摊点购买，要到证照齐全的经营单位购买并索取合法票据。

　　国产和进口保健食品分为四种，分别在国家卫生和计划生育委员会和国家食品药品监督管理总局的网站查询。最简单的方法是直接到国家食品药品监督管理总局保健食品审评中心网站（http：//www.zybh.gov.cn/）查询，具体方法是在"国家已批准保健食品库查询"（http：//123.127.80.8/xinxichaxun.asp），输入产品名称、生产单位、批准文号或某个时间段等其中的任何一项，点"提交"即可查询。

如何识别保健食品与药品

　　识别保健食品与药品简单的办法是在包装盒上找"批准文号"，药品的批准文号开头为"国药准字"，保健食品的批准文号开头为"国食健字"或"×卫食健字"（其中的×代表某个地区简称）。当决定购买药品或保健食品时一定要先看准批准文号，千万不要购买没有批准文号的产品，以免上当受骗。

　　提醒：药品的批准文号"国药准字"是国家级别的药品批准文号。对于药品，现在国家规定统一使用的批准文号是"国药准字"号，即平常所说的"药字号"。根据国家食品药品监督管理总局规定，自2003年6月30日后生产的药品实施新的批准文号，格式是：国药准字+1位拼音字母+8位数字，字母用拼音字头表示药品类别，数字表示批准药品生产的部门、年份及顺序号。

网购食品陷阱多　小心辨别和把关

德国的进口牛奶，美国的车厘子，韩国的海苔印尼小饼……只要动动鼠标，你足不出户就可以当一个吃遍世界的幸福吃货。如今，在网上购买各种食品，方便、省钱又时尚。但是，网购食品潜藏了不小的风险，消费者一定要仔细辨别。

（一）进口食品没有中文标签

张某夫妇陆续在某网络科技公司开设于京东商城的网店购买了美国、德国进口的婴幼儿零食、辅食、奶粉等，总共价值7600多元。但他发现，这些国外进口的预包装食品商没有一样具备中文标签和中文说明书。张某认为，这违反了食品安全法的规定，于是起诉销售商索赔。庭审中，张某出示了两件未拆封的邮寄包裹，当庭拆包，其中的米粉、肉泥、泡芙、鱼肝油等食品都没有中文标签。法院审理认为，被告销售的涉诉食品系婴幼儿食用的预包装食品，均标注有外文标签，而未标注中文标签，违反了《中华人民共和国食品安全法》对食品标签标识的要求，应当认定为不符合食品安全标准的食品，因此判决某网络科技公司退还货款7671元，并支付十倍赔偿金76710元。

"网购达人"章小妹，家里大到浴缸，小到零食，都是从网上淘来的。章小妹在某网站上购买了一款进口巧克力，收到货物后，她发现巧克力的外包装上全是英文，一个中文字都没有，更找不到生产日期。打开包装袋才发现里面的巧克力已经凝固成一大块，变硬，起白色粉末，看起来像是临期食品。随后，她找到卖家，卖家却以"进口商品都是这样"的理由搪塞了过去。"这次竟然买到临期商品，不知到哪投诉，给了卖家差评就算了。"最后她把巧克力扔进了垃圾桶。

此外，进口食品大都经由中间经销商代理进入国内，如曾查出二氧化硫超标的泰国芒果，因为有的经销商会用二氧化硫进行防腐处理。但目前进口食品一般都经过好几级分销代理，监管非常困难。

（二）散装食品热销，警惕三无产品

登录淘宝网，以"散装"为关键词搜索，出现22万多件相关产品，其中大多数是食品，热门种类包括散装糖果、饼干、坚果、茶叶等。市民陈女士在网上给宝宝买过一种山楂条，收到货后大吃一惊，"山楂条用塑料袋简易包装，上面什么也没标，没生产厂家，也没生产许可证号，甚至连生产日期都没有，彻彻底底的三无产品。"而对于这些散装食品的质量，消费者的评价不一。有买家给出"好评"，也有买家评价说，"包装外面好多尘土，让人担心卖家包装环境呀。"

（三）网上售卖的自制食品，盲目购买存在很大风险

卖家自制减肥饼干、自磨面粉、自制香肠、自制芝麻酱……在散装食品中，卖得最好的可谓那些"自制食品"，大都打着"天然""无添加""手工制造"等招牌，吸引了不少消费者的眼球和荷包。但这些网上售卖的自制食品，多数都没有产品介绍，包括生产许可证编号、产品标准号等都是空白，在无法了解其生产环境、生产人员的健康状况时，盲目购买存在很大的健康风险。

（四）网店在外省甚至外国，投诉困难

消费者周女士看到某网站的宣传介绍，拨打了网站电话订购了价值1000多元的超级P57减肥产品。商家在电话中口头承诺，服用后一定可减掉60斤，31天内无效可全额退款。周女士先后购买了6次，共花费21000多元，食用后无效果，要求退款时却遭拒。电话中的"专业瘦身顾问""某教授"反而责怪是因为周女士的个人体质问题。工商部门调查后发现，该网站域名以个人名义备案，未取得网站增值服务经营许可证，网址IP显示位于境外（美国亚利桑那州），网页内容自称的公司名称、地址均属虚假。商家在接受电话调解时不承认曾做出无效退款的承诺，周女士也无法提供任何证据。最终商家同意退款18000元，由于无法查找到实际主体，周女士无奈只得接受。

近年来保健品网购增速非常快，如某女士2万元网购减肥药却无效果，反被讥讽"体质差"，类似"网购食品遇跨国陷阱"的情况，在网购食品消费纠纷中越来越多。

（五）网购食品支招

1. 首选信誉度高、评价好、商品数量多的卖家，最好卖家只卖食品，专注于某一类食品。

2. 不要单纯看其信誉达到了几颗钻、几皇冠，而要注意每条评价是否真实有效。

3. 购物前就问清楚细节，尤其要问清楚生产日期、保质期，并协商好退换货细节，并妥善保管聊天记录。有一些网店有自己的实体店，把收购的食品用上自己的包装，但标注的生产日期往往是包装日期，这很可能导致未到标注的保质期限，食品却已经变质了。此外，不要购买自制类的"三无"产品。

4. 买进口食品要注意"三看"。一要看是否贴有激光防伪的"CIQ"标志。进口食品应当符合我国食品安全国家标准，应当经出入境检验检疫机构检验合格后，海关凭出入境检验检疫机构签发的通关证明放行；二要看包装上是否有中文标签。标签的内容要与外文内容完全相同，还必须包括：食品名称、配料成分、净含量和固体物含量，原产国家或地区，商品生产日期、保质期、贮藏指南、制造、包装、分装或经销单位的名称和地址。说明书不符合规定的，不得进口。三要看包装上国内总经销商的名称、地址、电话等信息，以便维权。

5. 如果网购中遇到问题食品，消费者应第一时间留下消费凭证，拨打12315投诉。

第四篇

食物保存莫忽视

 ## 如何防止食品变质

现在家庭人口越来越少，三口之家是主导，还有两人世界、单身贵族。即便家里有三四口人，也可能经常有老公出差，孩子住校，或者经常在外就餐的情况。所以，做饭做菜的各种原料，使用速度都非常慢。另外，到了夏季，食品变质的速度异乎寻常地快，这也给人们带来了不大不小的烦恼：留着吧，食物已经放了这么久，甚至已经有点变味了；扔了吧，好大的一包，浪费东西实在可惜。

防止食物在家中变质的最有效措施，就是不要贪便宜购买大包装，不要让吃不了的食物占据厨房空间。可是，现在商场的食物包装，却都没有"与时俱进"地减小。大包装的食品仍然占据主导。商场也经常搞"加量不加价""买一送一""买10赠2"之类的优惠活动，让消费者怦然心动，从而大量购买。如果家庭人口不多，千万不要被商场的"大份经济装"所诱惑。大桶油、大包米买回家，不仅占地方，而且短期内吃不完会变成鸡肋。不是发霉变质，就是氧化劣变，至少是用新鲜食物的价格吃不新鲜的食物。无论当初觉得多便宜，质量下降之后，甚至扔掉一部分之后，价格就会比小包装更贵！可如果已经买进家门，应当如何保存呢？

油脂的保存：油脂以购买小包装为宜。如果是大桶，打开包装之后，应定期倒出一部分到干净干燥的油瓶或油壶当中，而把大桶盖子重新拧紧，储藏在不见光的柜子里。倒进油壶的油，尽量要在一周内吃完；大桶内的油，尽量在3个月内吃完。否则，过氧化值的指标就容易超标。氧化的油脂对身体不仅无益，还可能促进衰老。油壶平日不要放在窗台和灶台上，要放在橱柜里，做菜的时候拿出来用，做完了再盖好盖，放回去。紫外线、光、热、潮气都会促进油脂的氧化变质。油壶要定期清洗、干燥之后再用，不能成年累月不清洁。

粮食和豆类的保存：粮食、豆类夏天易坏，有些人就直接装入布袋，放在冰箱的冷藏室中，以为这样可以延长保质期。殊不知，冷藏室仍然是会吸潮的。这是因为各种食物的水分会发生平衡，从冰箱中的水果蔬菜、剩饭剩菜当中，转移到比较干的粮食、豆类当中。而且，有些霉菌能够耐受冷藏室的低温，时间久了也有长霉的危险。如果冷藏室确实有空间可以放，也必须先把粮食、豆子装进不透水的袋子当中，密封之后再放入冰箱。即便是冷冻室，也有吸潮问题，因为在冷冻状态下，冰可以直接挥发为水蒸气，水蒸气还是会接触食品。这也是为什么冻食物的时候经常看到表面有白霜的原因。从冷冻室或冷藏室取出食物，表面都要产生水珠，如果不是密闭状态，反而吸潮很快。

建议在购买粮食、豆类的时候，优先购买抽真空的小包装。玉米和大米等都是黄曲霉喜欢的食物，但真空条件下，霉菌很难活动。要在晴朗干燥的天气打开真空包装粮食袋的包装。趁着干爽，尽快分装成短时间可以吃完的小袋。一袋在一两周内吃完，其他袋子都赶紧赶出空气，再夹紧袋子，放阴凉处储藏，或者放在冻箱里。

水果干和坚果的保存：水果干在夏天很容易受潮，还容易生虫。最好找个好天气，把水果干摊开晒几小时，或者用微波炉的最低档，把其中的水气除掉，然后再把彻底干燥的水果干分放入密封盒中。放入冷冻室两周，然后再取出来，就不容易生虫了。记得一定要在室温平衡温度之后再打开，以免表面产生水气。坚果的主要问题是受潮和氧化。只要在阴雨天打开坚果口袋，就会发现它在几小时之内变软，变"皮"，这就是吸水了。一旦水分含量上升，霉菌就会找上门来，容易产生黄曲霉毒素。所以，必须注意趁干燥时分装，或者烤干之后分装。把每个袋子口封严，至少用一个很紧的夹子夹住。如果天气潮湿，最好在开袋后一小时之内吃完。如果发现已经有轻微的霉味，或者有不新鲜的气味，就要坚决丢弃。

如何保存食用油脂

品质优良的油脂购买回家之后，是否能充分发挥其对人体的营养作用，就要看在家中的保存和使用是否科学合理。所以，每个消费者都应当了解与油脂储存和使用相关的基本知识，以保证饮食的健康和安全。

1. 烹调油要和日常膳食相协调。人体所需要的油脂不仅来自烹调油，还来自所吃的鱼、肉、蛋、奶等食品和一些加工食品。因为肉类脂肪以饱和脂肪为主，所以如果吃肉较多，烹调中就应当尽量少放猪油、牛油、黄油等含饱和脂肪酸过多的油脂。如果平日以素食为主，则可以适量在烹调中使用这些油脂，保持饱和脂肪酸和不饱和脂肪酸之间的平衡。

2. 控制油温，减少煎炸。植物油脂性质不稳定，它们在持续高温下会发生一系列的变化，如热氧化聚合、水解、环化等，不仅损失掉维生素E和必需脂肪酸这些营养成分，还会生成许多有害物质。无论哪一种植物油，都是以不饱和脂肪酸为主，不适合高温油炸，炒菜时也应当控制油温，尽量不要让油大量冒烟，也不要长时间地油煎。大量冒烟的时候，油已经达到250℃左右，不仅导致油脂发生高温劣变，也会损失菜肴原料当中的维生素等营养物质。

3. 视烹调方式选择油脂。如果家庭中需要制作高温爆炒菜肴，应选择热稳定性较好的油脂，可以采用橄榄油、茶籽油、花生油和玉米油等，或者用市场上出售的花生–玉米调和油。油炸时最好能用动物油，而且要注意控制油温，缩短煎炸时间。煎炸后的油脂要尽快用掉，不能反复煎炸和长时间存放。制作凉拌菜和炖煮菜可以选用不饱和脂肪酸含量高的油脂，如大豆油、亚麻籽油、葵花籽油、小麦胚芽油等，以充分保护和利用其中的亚油酸和维生素E。

4. 油脂保存要当心。油脂的氧化变质是一个链反应，具有很强的"传染性"。如果把新鲜油脂放在旧油罐中，那么新鲜油也会较快地劣变。所以，用一个大塑料瓶来反复盛装烹调油的做法是不正确的。买一大桶油然后每天打开盖子倒油也不妥当，因为这样做容易让氧气进入，加速氧化。正确的做法是用较小的有盖油杯或油瓶，过几天从大油桶中取一次油，平日放在橱柜当中，炒菜时才拿出来。小油杯和小油瓶应当定期更换。大桶油买来之后应当放在阴凉处，盖严盖子，严防空气和水分进入。

5. 每天用油25克。各种油脂在影响血脂方面的作用各不相同，然而在提供能量方面的作用是基本一致的。无论哪一种油脂，只要吃得太多，都会引起肥胖。一克脂肪含热量9千卡，相当于淀粉的两倍多，两茶匙烹调油所含的热量相当于半小碗米饭，但是吃起来的体积却要小得多，故而经常吃油多的菜肴容易发胖。我国营养学家建议，每天吃油25克。这就要求做菜不能汪着油，也不能经常吃煎炸食品，每餐只能有一两个炒菜，多多采用凉拌和炖煮的烹调方式。

熟肉放冰箱不宜超过4天

很多人把冰箱当成了家里的"食品消毒柜"，认为贮存在冰箱里的食品就是卫生的。其实，冰箱因长期存放食品又不经常清洗，会滋生细菌。一般来说，熟肉类食物在冰箱中的储存时间不该超过4天，因为冰箱保存食物的常用冷藏温度是4℃，在这种环境下，多数的细菌生长速度会放慢。但有些细菌却嗜冷，如耶尔森菌、李斯特菌等在这种温度下反而能迅速增长繁殖，如果食用感染了这类细菌的食品，就会引起肠道疾病。而冰箱的冷冻箱里，温度一般在−18℃左右，在这种温度下，一般细菌都会被抑制，所以在这里面存放食品具有更好的保鲜作用。但冷冻并不等于能完全杀菌，仍有些抗冻能力较强的细菌如李斯特菌会存活下来。冰箱如果不经常消毒，反而会成为一些细菌的"温床"。另外，冰箱里的食品也不要存放过多，这样会让食物的外部温度低而内部温度高，从而导致变质。

剩菜该怎么办

家家都难免剩菜，食之心惊，弃之肉痛。孩子不肯吃，父母收盘子也很纠结。问题是剩菜还能吃吗？有很多传言，剩菜不能隔夜，会有毒；有的说剩菜营养素会严重损失，吃也无益。事实上，剩菜是否能吃，要看剩的是什么，剩了多久，在什么条件下储藏，重新加热是什么条件，实在无法用一句话来概括是否能吃的问题。先要把剩菜分成两类：蔬菜，以及鱼、肉和豆制品。

蔬菜：因为蔬菜中含有较高水平的亚硝酸盐，在存放过程中因细菌活动可能逐渐转变成有毒的亚硝酸盐，隔夜可能产生有害物质。不过，如果仅仅是在冰箱中放一夜，这种亚硝酸盐的上升还远远到不了引起食品安全事故的程度。但无论如何，蔬菜是不建议剩24小时以上的，凉拌菜就更要小心。为了长期安全起见，最好在烹调时加强计划性。如一大盘蔬菜吃不完，就拨出一部分放在干净碗或保鲜盒里盖好，冷却到室温之后直接放入冰箱。这样接触细菌比较少，细菌繁殖少则亚硝酸盐产生也少，下一餐热一热就可以放心吃了。

鱼、肉和豆制品：此类剩菜会有微生物繁殖的问题。鱼、肉和豆制品三者相比，豆制品更容易腐败。它们的共同麻烦是可能繁殖危险致病菌，比如恐怖的肉毒梭菌。这种菌能产生世上第一毒"肉毒素"，毒性是氰化钾的一万倍。这种毒素在100℃以上加热几分钟就能够被破坏，但如果没有热透，是非常危险的。

还要注意的是，无论是哪一类食品，在室温下放的时间越长，放入冰箱中的时间越晚，微生物的"基数"就越大，存放之后就越不安全。进入冰箱之中，降温的速度也很重要。如果冰箱里东西太满，制冷效果不足，或者菜肴的块太大，冷气传入速度慢，放入的菜很久都难以把温度降下来，那么也会带来安全隐患。

 ## 保存剩菜的对策

首先就是提前分装。明知道这一餐吃不完，就应当在出锅时分装到不同的盘子里，其中一份稍微凉下来之后就放入冰箱，这样菜中细菌的"基数"很低，第二天甚至第三天，热透了再吃，都没有问题。如果已经在外面放了两三个小时，大家又用筷子踊跃翻动过了，保质期就会缩短。这时候要注意，把它铺平一点，放在冰箱下层的最里面，让它尽快地冷却到冷藏室的温度，放到第二餐是可以吃的，但一定要彻底加热。所谓彻底加热，就是把菜整体上加热到100℃，保持沸腾3分钟以上。如果肉块比较大，煮、蒸时间一定要长一些，或者把肉块切碎，再重新加热。

用微波炉加热剩食物是个不错的方法，它可以令食物内部得到充分加热。但家庭中，往往控制不好微波加热的时间，还容易发生食物飞溅到微波炉内部的麻烦。可以考虑先用微波炉加热一两分钟，令食物内部温度上升，然后再用锅加热，或者再放蒸锅上蒸，就比较容易热透。对于不希望有太多汤水的剩菜，可以用蒸或水煎的方法来加热。

相比于肉类来说，豆制品更容易腐败，因此加热时也要更加在意。多煮几分钟并不用可惜，因为豆腐中的维生素含量甚低，而它所富含的蛋白质和钙、镁等是不怕热的，加热不会明显降低营养价值。蔬菜则不适合长时间的加热，可以考虑用蒸锅来蒸，传热效果比用锅直接加热更好，且营养素损失较少。需要高度注意的是，菜千万不要反复多次地加热。如果知道鱼、肉第二餐还吃不完，就只加热一半，剩下部分仍然放回冰箱深处。甚至有些熟食、豆制品可以直接分小盒冻到冷冻室里面。

总之，虽然不剩菜是我们的理想目标，但对于动物性食品，特别是肉类来说，煮一次吃两三顿是常见情况。只要烹饪之后立刻分装保存，第二餐再合理加热利用，我们就能安全地与剩菜和平相处。

生活中如何正确使用不锈钢容器

不锈钢是在钢铁中加入合金元素制成的，相对于其他金属，不锈钢容器更加坚固、耐锈蚀。但不少消费者对不锈钢容器的使用存在误区，正确做法是：

1. 不可长时间盛放盐、酱油、醋、菜汤等，因为这些食品中含有很多电解质，如果长时间盛放，则不锈钢同样会像其他金属一样，与这些电解质起电化学反应，使有害的金属元素被溶解出来。

2. 切忌用不锈钢锅煲中药，因为中药含有多种生物碱、有机酸等成分，特别是在加热条件下，很难避免不与之发生化学反应，而使药物失效，甚至生成某些毒性更大的络合物。

3. 切勿用强碱性或强氧化性的化学药剂，如小苏打、漂白粉、次氯酸钠等进行洗涤，因为这些物质都是强电解质，同样会与不锈钢起电化学反应。

4. 不能空烧。不锈钢炊具较铁制品、铝制品热导率低，传热时间慢，空烧会造成炊具表面镀铬层的老化、脱落。

5. 要保持炊具的清洁，经常擦洗，特别是存放过醋、酱油等调味品后要及时洗净，保持炊具干燥。

第五篇

科学烹饪有窍门

 味精食用不当会中毒

味精对于改变人体细胞的营养状况、治疗神经衰弱等都有一定的辅助治疗作用。然而，若使用不当也会产生不良后果，使味精失去调味意义，或对人体健康产生副作用。为此味精使用时应注意以下几点：

一忌高温使用。烹调菜肴时，如果在菜肴温度很高时投入味精就会发生化学变化，使味精变成焦谷氨酸钠。这样，非但不能起到调味作用，反而会产生少量的毒素，对人体健康不利。科学实验证明，在70～90℃的温度下，味精的溶解度最好。所以，味精投放的最佳时机是在菜肴将要出锅的时候。若菜肴需勾芡的话，味精投放应在勾芡之前。根据高温不应放味精这个道理可以得知，在上浆挂糊时也不必加味精。

二忌低温使用。温度低时味精不易溶解。如果想吃凉拌菜需要放味精提鲜时，可以把味精用温开水化开，晾凉后浇在凉菜上。

三忌用于碱性食物。在碱性溶液中，味精会起化学变化，产生一种具有不

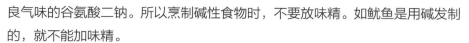

良气味的谷氨酸二钠。所以烹制碱性食物时，不要放味精。如鱿鱼是用碱发制的，就不能加味精。

四忌用于酸性食物。味精在酸性菜肴中不易溶解，酸度越高越不易溶解，效果也越差。

五忌用于甜口菜肴。凡是甜口菜肴如"冰糖莲子""番茄虾仁"都不应加味精。甜菜放味精非常难吃，既破坏了鲜味，又破坏了甜味。

六忌投放过量。过量的味精会产生一种似咸非咸、似涩非涩的怪味，使用味精并非多多益善。

七忌用于炒鸡蛋。鸡蛋本身含有许多谷氨酸，炒鸡蛋时一般都要放一些盐，而盐的主要成分是氯化钠，经加热后，谷氨酸与氯化钠这两种物质会产生新的物质——谷氨酸钠，即味精的主要成分，使鸡蛋呈现很醇正的鲜味。炒鸡蛋加味精如同画蛇添足，加多了反而不美味。

炒菜时对油烟的防范策略

油烟会让女人的皮肤沾上油腻，身上沾染油烟的污浊味道，的确与清纯和清香的少女情调格格不入。不过，油烟的害处远远不止于此。油脂在高温下会发生多种化学变化，而油烟又是这种变化的最坏产物之一。

每一种油脂产品都有"烟点"，也就是开始明显冒烟的温度。过去那种颜色暗淡的粗油，往往在130℃以上就开始冒烟，而对于大部分如今的纯净透明油脂产品来说，这个温度通常在200℃左右，有的甚至更高。日常炒菜的合适温度是180℃，实际上是无须冒烟之后才下菜的。换句话说，冒油烟之后再放菜，是粗油时代的习惯，用如今的纯净油脂烹调，冒油烟时的温度已经太高了，不仅对油有害，对维生素有破坏，油烟本身就是一种严重的空气污染。

据了解，大部分家庭都习惯等到油脂明显冒烟才放菜，也就是说，炒菜温度在200～300℃。这个温度产生的油烟中含有多种有害物质，包括丙烯醛、苯、甲醛、巴豆醛等，均为有毒物质和致癌嫌疑物质。目前国内外研究均已经确认，油烟是肺癌的风险因素。在华人烹调圈中，无论是中国大陆、台湾、香港还是新加坡的研究，都验证了油烟与烹调者健康损害之间有密切关系。

除了让肺癌风险增大之外，油烟与糖尿病、心脏病、肥胖等的危险也可能有关。有研究证明，经常炒菜的女性体内丙烯醛代谢物、苯和巴豆醛的含量与对照相比显著升高，也有研究证明烹调工作者体内的1-羟基芘含量和丙二醛含量大大高于非烹调者。这1-羟基芘就是多环芳烃类致癌物中的一种，而丙二醛是血液中的氧化产物，与心脏病等慢性病有密切关系。不过，要想减少炒菜时的油烟，也并非不可能。只要遵循以下忠告，油烟的产生量就能大大减少。

1. 用新油炒菜，不要用煎炸过或加热过的油脂炒菜。煎炸过的油脂，或者使用过一次已经混有杂质的油脂，烟点会明显下降，这就意味着炒菜油烟更多，对操作者的健康造成更大损害。

2. 不要选择爆炒、煎炸、过油、过火的菜式。各种烹调所需要的油温有区别。如爆炒需要将近300℃的温度，这个温度必然已经让锅中的油大量冒烟。那些锅里着火的操作，更会超过300℃油温。这时已经达到了产生大量苯并芘致癌物的温度，殊不可取！煎炸、过油会不可避免地带来油脂的重复利用，从而增加油烟的产生。

3. 炒菜时，应在油烟还没有明显产生的时候就把菜扔进去。室温的菜会让烹调油迅速降温，从而避免温度过高的问题。只要将一条葱丝扔进锅里，看周围欢快冒泡但颜色不变，就说明油温适合炒菜了。

4. 不要每餐每个菜都是炒、炸、煎，多用炖、煮、蒸、烤箱烤、凉拌等烹调方式，不仅能减少油烟产生，而且还能减少一日中油脂摄入，有利于控制体重。同时，这样的一餐在口感上更加丰富，还有助于培养清淡口味的饮食习惯。

5. 买一个非常有效的抽油烟机，最好是那种安装得距离烹调火源很近的抽油烟机。不要买那种欧式产品，中看不中用，根本不能适应中国人的烹调状况。有效抽油烟的标准是，距离灶台一米远就闻不到炒菜的味道。

6. 在开火的同时开抽油烟机，等炒菜完成后继续开5分钟再关上。燃气燃烧时本身就会产生多种废气，应该及时抽走。很多家庭等到油烟大量产生才开抽油烟机，实在太晚了。这样屋子的清洁无法保障，而且油烟会大量进入主厨人的肺里。省那么一点电是毫无意义的，万一为此得了肺癌，花钱受罪不值得！

7. 用底厚一点的炒菜锅。底太薄的炒菜锅因为温度上升过快，非常容易冒大量油烟。用厚底的炒锅就会延长温度上升的时间，故可以减少油烟。不过无论如何号称"无油烟"的锅，只要烧的时间够长，温度够高，还是会产生油烟的。所以关键还是主厨人的意识。

虽然抽油烟机能帮不少忙，但千万不要因为买了个有效的油烟机就放心大吃煎炸食品和爆炒食品。因为除了油烟有害之外，过度受热的食品中也会产生致癌物，蔬菜也将因此失去帮助预防癌症的效用。

煎炸过的食用油会产生哪些有毒有害物质

日常烹调油的化学结构是三酰甘油。它在没有催化剂存在，没有水，没有酸碱，室温条件下，当然不会随便水解。可是，在高温下煎炸就不一样了。比如说，炸薯条。为何进锅的土豆很滋润，出来就变得表面干干的了？是因为薯条中的水分进入了油脂。油脂在水和热的作用下就会发生水解。水分会在油的高温下蒸发，同时油脂也在发生各种各样的化学变化，变得逐渐不适合人类食用。在油炸过程中，食物在约180℃下接触热油，同时食物和油脂也部分暴露于氧气当中。因此，油炸与其他标准化的食品加工处理方法相比，引起油脂化学变化的潜力最大，而且会产生以下5种有害物质。

1. 挥发性物质。油炸过程中发生氧化反应，即便是饱和脂肪酸也可能发生氧化，不饱和脂肪酸更不必说。形成的氢过氧化物在高温作用下快速分解，产生挥发性物质，包括饱和与不饱和醛酮类、烃类、醇类、内酯、酸和酯类。其中很多挥发性物质都有毒，例如丙烯醛，已被确认是油烟中提高肺癌风险的因素之一。因为不饱和脂肪酸在加热时更容易氧化，所以产生挥发性物质的同时也伴随着不饱和脂肪酸的减少，必需脂肪酸下降，维生素E极大流失。油在空气中以180℃加热30分钟以上，就能测出这些挥发性产物。

2. 未聚合的极性物质，如羟基酸和环氧酸类，它们是氢过氧化物断裂形成烷氧自由基，再经过复杂途径形成的产物。这个过程让油脂的酸价升高。

3. 脂肪和脂肪酸的二聚物及多聚物。这些物质是通过自由基的氧化聚合而产生的。同时伴随着不饱和脂肪酸的减少。因为聚合作用，分子质量显著上升，使油脂的黏度显著增大。用坏油炒菜会觉得口感发腻，油用热水涮不掉，也就是这个原因。要知道，没有聚合的油脂，哪怕是猪油、牛油，在热水中也是能够涮掉的。新鲜液体植物油用温水就能涮掉。

4. 游离脂肪酸。在热和水的共同作用下，三酰甘油被水解成二酰甘油和脂肪酸，甚至单酰甘油和脂肪酸。这个过程也会让酸价升高。进入油脂的水分被不断蒸发，同时又会把挥发性物质带出油脂，就像水蒸气蒸馏一样。由于水分蒸发，油脂冒泡剧烈，又起到了搅拌作用，让水解反应速度更快。

5. 反式脂肪酸。在高温下，顺式双键可能发生反式异构化。有研究证实，油脂加热时间越长，产物中反式脂肪酸比例越高，从百分之零点几，最多可升高到百分之十几。反式脂肪酸的害处在媒体上已经有不少报道，在此不再叙述。

煎炸过程中，食物中的蛋白质和碳水化合物在高温、中水分活度下发生美拉德反应，迅速产生褐色的物质。同时，自然也会产生一部分丙烯酰胺。油脂氧化所产生的含羰基物质也会促进美拉德反应。产生的褐色物质溶在油脂里，油脂的颜色就变深了。长时间油炸之后，油脂的酸价上升，碘价下降，黏度加大，烟点降低，起泡多，含羰基物质多，极性大，等等。碘价下降，意味着维生素E少了，不饱和脂肪酸少了，饱和脂肪酸多了，反式脂肪酸多了，氧化聚合产物多了，挥发性毒物多了。这样的油脂，果真值得吃吗？

不过，不良的颜色和味道都可以用白陶土等吸附剂脱色的方法来去掉。所谓滤油粉，其实就是用来给煎炸油"美容"的东西。滤掉渣子，滤掉颜色，滤掉味道，煎炸了很久的油脂就"返老还童"了。经常做滤油处理，看似"糊弄人"，其实是有意义的。因为油脂中的渣子往往是含蛋白质或含淀粉的物质，它们长期高温处理可能产生致癌物，及时滤去有利于提高油脂的安全性。

如果这些加热过的油再用来炒菜，而且是冒油烟得炒菜，会怎样？这种油的烟点会大大降低，烹调时油烟产生量急剧增加，而油烟是一种致癌物，研究证据确凿，绝对不容忽视！

怎样减少腌制蔬菜的亚硝酸盐含量

很多人都知道腌制食品对人体健康不利，除了盐含量过高之外，亚硝酸盐或亚硝胺含量高也是主要原因。那么，哪些腌制食品含有较多的亚硝酸盐呢？其实有安全问题的主要是腌制蔬菜，而且是短期腌制蔬菜，也就是所谓的"暴腌菜"。腌制时间达一个月以上的蔬菜是可以放心食用的。

原来，亚硝酸盐来自蔬菜中含量比较高的硝酸盐。蔬菜吸收了氮肥或土壤中的氮素，积累成无毒的硝酸盐，然后在腌制过程中，被一些细菌转变成有毒的亚硝酸盐，从而带来了麻烦。之后，亚硝酸盐又渐渐被细菌所利用或分解，浓度达到一个高峰之后，又会逐渐下降，乃至基本消失。一般来说，腌菜中亚硝酸盐最多的时候出现在开始腌制以后的两三天到十几天之间。温度高而盐浓度低的时候，"亚硝峰"出现就比较早；反之温度低而盐量大的时候，峰值出现就比较晚。我国北方地区腌咸菜、酸菜的时间通常在一个月以上，南方地区腌酸菜、泡菜也要20天以上，这时候拿出来吃，总体上是安全的。传统酱菜的酱制时间都很长，甚至长达几个月，所以更不必担心亚硝酸盐中毒的问题。泡菜加工中严格隔绝氧气可以减少有害物质产生，腌制当中添加大蒜能降低亚硝酸盐的产生，良好的工艺和菌种也会降低风险。真正危险的，正是那种只腌两三天到十几天的菜。有些家庭喜欢自己做点短期的腌菜，也喜欢把凉拌蔬菜放两天入味再吃，这些都是不安全的做法。吃酸菜鱼之类的菜肴时，偶有发生亚硝酸盐中毒的案例，主要是酸菜没有腌够时间，提前拿出来销售的缘故。用纯乳酸菌或醋酸菌接种的方法可以很好地控制腌菜中的亚硝酸盐含量，但这需要生产企业有足够的技术支持和生产条件。添加鲜蒜、鲜姜、鲜辣椒、维生素C等均可降低亚硝酸盐的含量。

怎样烹调才能保留食物的最佳营养

人活着就要吃饭，自然界提供给我们人类各种各样的食物，但是除了一些水果、某些蔬菜以外，绝大部分食物都要经过烹调熟了以后才能够食用，这个过程我们称为烹调。从吃生食进入到吃熟食是人类的一个进步，而且是人类进化不可缺少的过程。具体到学术上，给烹调一个定义就是把经过加工的烹饪原料经过加热和加入调味品的方法，使其成熟的专门技术。这里面就包括烹，也就是一个加热的过程，调就是如何调味的过程。合理的烹调是保证人体膳食营养水平非常关键的一个环节。

烹饪，包括对各种食物原料进行选择、加工、加热、调味、制作和美化等所有过程。在我国烹饪有着悠久的历史，从最早的火烤、石烹，到如今上百种烹饪加工方法，不仅给人们提供丰富的营养，还给人以美的享受。食品原料经过合理科学地烹饪加工后，让大分子类有机化合物变成了分子比较小的简单的化合物，这样味道会更加鲜美，芳香适口，并能消毒灭菌，同时提高食欲，供给营养，有利于人体对营养的吸收和利用，增强体质，保证人体健康。

但在烹饪过程中，一定程度营养素的损失是在所难免的，就像机械零件在加工过程中会脱落很多铁屑一样，是工艺过程的必然。但有些烹调中营养素的损失却是由于加工方法、烹调手段不当而造成的。不少人在过分追求"色、香、味、形"等感官性状的同时，往往忽视营养素的保存。随着烹饪的发展，我们应该用现代营养学来指导烹饪实践。使用科学的烹调手段，不仅要使菜品"色、香、味、形"俱佳，使人们在进食中得到享受，更重要的是尽量减少烹饪加工中营养素的损失，以提高食物在体内的利用率，使之发挥最大的营养效能。

中国是一个烹饪大国，有悠久的饮食文化历史，烹饪技术精湛、历史悠久，以色香味形俱佳闻名世界。在中国烹调技术方面不能说不存在弊病，但是可以用现代科学的办法去其糟粕、取其精华。

并不是食物一做熟了，营养就全没有了。某些蔬菜是可以生吃的，水果和某些硬果也是可以生吃的，但扁豆生吃就中毒了，肉生吃人体消化不了、吸收不了，利用率不高，还会因为肉当中存在的一些不利于人体的物质，给人体的健康带来危害。在烹调的过程中，像一些维生素、矿物质受到损失是很正常的，不能因为在加热过程中有些营养素损失了就不加热了，应该掌握怎么处理对人体有好处才对。掌握科学的烹调方法实际上是一门很重要的学问。

中国的烹调技术博大精深，它给予人类非常美好的膳食享受，每一种烹调方法都是中国人几千年来积累形成的，关键是怎么搭配。比如到餐馆去或者在家请客，如吃的全是炸的就不好，要吃点炸的，吃点涮的，吃点蒸的，把各种各样的烹调方法科学组合在一起，这就是科学的膳食。

此外，烹调不光是为了吃，还是一种乐趣——生活中的乐趣。比如下班以后，一家人在一起做做菜、做做饭，会有非常多的乐趣，而在这其中，家人又可以互相交流，增进感情，与在外面吃和买来方便食品吃的感觉是不一样的。

面食如何烹饪

面食的烹饪方法有蒸、煮、炸、烙、烤等。不同的加热方式、受热时间及温度的差异，造成营养素的损失也不同。一般蒸馒头、蒸包子、烙饼等，对面粉中的维生素影响小些；而炸油条、油饼，因油温高又加入了碱，可使维生素全部被破坏，高温烘烤也会破坏绝大部分维生素成分。

肉类如何烹饪

动物性食品的烹饪宜用炒、蒸、煮的方法。加热时间过长是破坏食物中营养素的重要原因。因此，在烹饪方法上应尽量采用旺火急炒。在熬、煮、炖、烧时，如以食肉为主，可先将水烧开后再下肉，使肉表面的蛋白质凝固，其内部大部分油脂和蛋白质留在肉内，肉味就比较鲜美。如果重在肉汤，那就将肉下冷水锅，用文火慢煮，这样脂肪、蛋白质就从内部渗出，汤味肉香扑鼻，营养更佳。

油炸食物确实香味扑鼻，但由于炸时油温很高，食物中的蛋白质、脂肪、碳水化合物及怕热、易氧化的维生素都会遭到破坏，使营养价值降低。挂糊油炸是保护营养素、增强滋味的一种好方法。在烹制前先用淀粉和鸡蛋上浆，在食物表面就可形成隔绝高温的保护层，使原料不与热油直接接触，减少营养素损失，还可使油不浸入食物内部，鲜味也不易外溢，口感也会更加滑嫩鲜美。

熏烤不仅能使食品熟透，增强防腐能力，还能使食物表面烤出适度的焦皮，增加独特的风味。但肉、鱼等原料经熏烤后可产生对人体有害的物质，其中还含有致癌物质。所以在熏烤肉、鱼、肉肠类时不应当用明火直接熏烤，可用管道干热蒸气烤，也最好不要用糖来熏烤，如果一定要加糖时，温度也应控制在200℃以下。

蔬菜类如何烹饪

蔬菜在清洗时以一棵棵冲洗为佳，尽可能保持蔬菜茎、叶的完整性。如为了去除蔬菜中的残留农药，可先用干净凉水将蔬菜浸泡一段时间（约1小时），在浸泡的过程中需要更换清水1~3次，切忌揉搓蔬菜，以及用热水或开水浸泡或清洗蔬菜。蔬菜应洗后再切，而且切得不宜过碎，应在烹调允许范围内尽量使其形状大些，以减少易氧化的维生素与空气接触。切后应即刻烹饪，不能久放甚至隔夜再烹饪，因为这些原料如果不能及时烹调，不仅使菜肴的色香味受到影响，而且还会增大营养素的氧化损失。

烹调蔬菜时尽量用急火快炒、快速翻炒的方法，如炒、熘等，这样能缩短菜肴的成熟时间，原料内汁液溢出较少，所以用旺火炒出来的菜不仅色美味好，而且营养损失也少，特别是一些易氧化的维生素受热损失较少，尤以绿叶类蔬菜更为明显。熬菜和煮菜时，应在水煮沸后再将菜放入，这样既可缩短菜的受热时间，减少维生素的损失，又能减轻蔬菜色泽的改变。有时为了除去某些蔬菜原料的异味，增进色、香、味、形或调整各种原料的烹调时间等，需用沸水将蔬菜焯一下。焯菜时要注意待火旺水沸后再将原料分次下锅，这样水温很快就可升高沸腾；焯透后就要捞出立即冷却，不挤汁水。这样焯菜不但能使蔬菜色泽鲜艳，同时可减少营养素的损失。

如将蔬菜与荤菜同烹，或将几种蔬菜合在一起炒，营养价值会更高。例如，维生素C在深绿色蔬菜中最为丰富，而豆芽富含维生素B_2，若将豆芽和韭菜混炒，则两种维生素均可获得；肉类食品所含的脂肪有利于提高胡萝卜素的吸收率，而且其丰富的优质蛋白还可以有效地促进胡萝卜素转化为维生素A，从而大大提高胡萝卜素在人体内的利用率。

调味品类如何添加

要合理放盐和味精。醋含多种维生素，如维生素C、B族维生素等，怕碱喜酸，如烹炒白菜、豆芽、甘蓝、土豆和制作一些凉拌菜时适当加点醋，维生素C的保存率可有较大提高。加醋后食物中的钙质会被溶解，可促进钙被人体更好地吸收。加醋还有利于改变菜肴感官性状，可以去除异味，增生美味，还可以使某些菜肴口感脆嫩，但有些绿色蔬菜类不宜加入。

勾芡可减少维生素的氧化损失，淀粉中所含的谷胱甘肽具有保护维生素C等使其少受氧化损失的作用，可减少水溶性营养素的流失。烹调中水溶性营养素可溶于汤中，勾芡后，菜肴汤汁包裹在主料的表面上，食用时随食物一起吃入口中，从而大大减少了遗弃汤汁而损失营养素的可能。

选用合理的烹调方法

所谓美味佳肴，应该原料多种多样，营养搭配合理，烹调方法丰富多彩，风味多种多样。如有的快餐店打出来的招牌是全部食品是蒸出来的，蒸的优点是可以少用油，营养素损失比较少，还可以保证一定的形状。但实际上并不是说只有蒸是最佳的烹调方法。比如说，因蒸的过程时间偏长，有一些营养素，如维生素B$_2$就容易被破坏。所以烹调方法丰富多彩，对保护营养素也是非常重要的。另外每一个菜都蒸着吃，口味单调，如果天天吃蒸菜会腻。

煮：煮对蛋白质起部分水解作用，对脂肪影响不大，但会使水溶性维生素（如B族维生素、维生素C）及矿物质（钙、磷等）溶于水中。

蒸：蒸对营养素的影响和煮相似，但矿物质不会因蒸而遭到损失。

煨：煨可使水溶性维生素和矿物质溶于汤内，只有一部分维生素遭到破坏。

腌：腌的时间长短同营养素损失大小成正比。时间越长，维生素B和维生素C损失越大，反之则小。

卤：卤能使食品中的维生素和部分矿物质溶于卤汁中，只有部分遭到损失。

炸：炸由于温度高，对一切营养素都有不同程度的破坏。蛋白质因高温而严重变性，脂肪也因炸而失去其功用。

滑炒：因食物外面裹有蛋清或湿淀粉，形成保护薄膜，故对营养素损失不大。

烤：烤不但使维生素A、维生素B、维生素C受到相当大的损失，而且也使脂肪受到损失。如用明火直接烤，还会使食物含有3,4-苯并芘致癌物质。

熏：熏会使维生素（特别是维生素C）受到破坏及使部分脂肪损失，同时还存在3,4-苯并芘问题。但熏会使食物别有风味。

保护营养素的措施

食物在烹调时遭到营养损失是不能完全避免的，但如采取一些保护性措施，则能使菜肴保存更多的营养素。

1. 上浆挂糊。原料先用淀粉和鸡蛋上浆挂糊，不但可使原料中的水分和营养素不致大量溢出，减少损失，而且不会因高温使蛋白质变性、维生素被大量分解破坏。

2. 加醋。由于维生素具有怕碱不怕酸的特性，因此在菜肴中尽可能放点醋，如果是烹调动物性原料，醋还能使原料中的钙被溶解得多一些，从而促进钙的吸收。

3. 先洗后切。各种菜肴原料，尤其是蔬菜，应先清洗，再切配，这样能减少水溶性原料的损失。而且应该现切现烹，这样能使营养素少受氧化损失。

4. 急炒菜要做熟，加热时间要短。烹调时尽量采用旺火急炒的方法，因通过明火急炒能缩短菜肴成熟时间，从而降低营养素的损失率。据统计，将猪肉切成丝，用旺火急炒，其维生素B_1的损失率只有13%，而切成块用慢火炖，维生素损失率达65%。

5. 勾芡。勾芡能使汤料混为一体，使浸出的一些成分连同菜肴一同被摄入。

6. 慎用碱。碱能破坏蛋白质、维生素等多种营养素。因此，在焯菜、制面食时，最好避免用纯碱（苏打）。

淘米煮饭也要讲究科学

大米富含人体必需的营养素，是我国人民的主要粮食之一。为了不让营养成分流失，我们淘米、煮饭的方法也要注意，那么，用哪些方式最科学呢？

淘米

用米做饭，先要淘米，把夹杂在米粒中间的泥沙杂屑淘洗干净。如果淘米不得其法，那就容易使米粒表层的营养素在淘洗时随水流失。米中含有B族维生素、矿物质、膳食纤维等多种营养素，但其在淘洗过程中，很容易因方法不当导致营养素流失增多。试验表明，米粒在水中经过一次搓揉淘洗，所含蛋白质会损失4%，脂肪会损失10%，无机盐会损失5%。

第一，淘米应选择凉水，而不是温水。因为水温偏高时，各物质的溶解度会增加，将直接导致营养流失增加。

第二，淘米次数以2~3次为宜。淘米的本意是将米中掺杂的灰尘洗掉，没有必要反复冲洗，米里含有维生素和无机盐，这两样东西特别容易溶于水，多次冲洗只会导致营养流失。免洗大米则可以放心地直接下锅。

第三，不要用手搓，搅一搅就行。在米粒的最外层有一层被称作糊粉层的物质，其中含有B族维生素、矿物质及膳食纤维，如在淘米时用力搓洗，会将糊粉层洗掉，损失营养。

第四，不要用流水冲洗。流水只会带走营养而起不到加倍清洁的作用。

第五，淘完米得马上下锅煮，米泡时间长了，米里有一种称为核黄素的营养成分就会大量损失，蛋白质、脂肪等也多多少少跟着损失。

煮饭

米饭是南方人经常食用的主食，米饭大致有蒸、焖、捞三种烹制方法。做法虽然简单，但其中却有不少细节要注意。采用高压锅、电饭煲或微波炉做米饭，大米中的营养保存较好。电饭煲就是做米饭最好的工具，它的密闭性更好，可以隔绝过多的氧化反应，用时较少，因而营养损失也较少。在米下锅之前，可以用温水先泡一下，这样做出的饭会更加糯软。做饭也难免失手，万一饭全夹生了，可用筷子在饭内扎一些直通锅底的孔，然后加温水重新再焖；如果是局部夹生，就在夹生部分戳孔后加水再焖；如果是表面夹生，可将表层翻至中间再焖。

如果喜欢吃捞米饭（先水煮，捞出后再蒸的米饭），一定要善加利用米汤，因为近50%的矿物质、维生素都会被煮入米汤中。实验证实，捞饭中维生素和矿物质的含量只相当于蒸米饭的5%，甚至更少。用大米煮粥时，无论是煮白粥还是豆粥、菜粥，都不应该加碱，因为碱会破坏米的营养。

烹饪放盐要适时科学

放盐要适时

"万味盐为主"，盐是做菜时用得最多的调味品。放盐不但能增加菜肴的味道，还能促进胃消化液的分泌，增加食欲。那么，做菜的时候，怎么掌握放盐的时机呢？

1. 加热前放盐。粉蒸肉等清蒸菜肴，因在蒸制过程中无法进行调味，所以必须在蒸之前加盐和其他调味料进行腌制。另外，做滑炒、滑熘、焦熘，以及炸、烹、烤等系列菜肴，如熘肝尖、炸虾片、烤鱿鱼等，应在正式烹调加热前加入少许盐，进行基本的底味腌制。

2. 加热中放盐。即在正式烹调过程中加入盐进行调味，此方法为大众常用调味法，大部分的烹调技法都可以采用。比如鱼香肉丝、宫保鸡丁等，肉丝和鸡丁要进行上浆，在上浆之前必须腌制基本的底味，而后在炒制过程中同样要加盐进行调味。

有的菜要煮熟后才能加盐。对于烧、炖、煨、焖等需要慢火长时间加热成熟的菜肴，如红烧肉、土豆炖牛肉、绿豆紫菜煨排骨、黄酒焖鸡等，一般都在原料基本成熟时才加入盐调味。如果加盐过早，会因盐具有渗透压作用，使原料中水分大部分渗出，导致原料质地变老不易成熟，从而影响菜肴成品质量。

3. 加热后放盐。一般来说，炸制的菜肴应该在上菜的时候再撒上椒盐或芝麻盐等。另外如涮羊肉、爆肚以及凉拌类菜肴，一般是加热后再加盐和其他调味料。

此外，制作肉丸、鱼丸时，加盐搅拌可以提高原料的持水量，使制成的鱼丸等柔嫩多汁。

放盐要适量

在烹调菜肴中，投放盐量的多寡可以决定成品的咸淡。当众人鉴别菜肴味觉的时候，往往是根据口味的咸淡来判定质量的优劣。那么，在烹调菜肴时，究竟投放多少盐为好呢？一般在做菜放盐之前，必须先考虑以下几个因素。

其一，根据原料新鲜度放盐。做菜的原料越新鲜，口味越要清淡些，少放盐；原料越陈旧，口味越要浓重些，多放盐。

其二，根据原料性质放盐。若是素性植物原料，口味要清淡些，少放盐；若是荤性动物原料，口味要浓重些，多放盐。

其三，根据菜肴用途放盐。一般来说，属于下酒菜，食用量大的菜肴，口味可轻些，少放盐；属于佐饭菜，食用量小的菜肴，口味可重些，多放盐。

其四，根据菜肴浓度放盐。有汤或汤汁较多的菜肴，口味可轻些，少放盐；没汤或汤汁较少的菜肴，口味可重些，多放盐。

其五，根据季节变化放盐。一般来说，在炎热的夏天，菜肴口味偏轻，少放盐；但在严寒的冬季，菜肴口味偏重，多放盐。

其六，根据原料处理情况放盐。如果原料经过盐等咸味调料腌渍，那么可根据程度情况，在正式烹调时少放盐或不放盐；如果原料没经过盐等调料腌渍，那么在烹调时可放足盐。

其七，根据汤味情况放盐。如果汤汁中有咸味，那么可根据咸度情况，或者加清汤稀释，或者少放盐，甚至不放盐；如果汤汁中没咸味，那么在烹调菜肴时可以放足盐。

只有了解或掌握上述多种因素以后，才能决定做菜时投放盐的具体数量。纵观北方所有菜肴，再加上北方人喜咸的口味习惯，盐量是菜肴主料的0.8%～1.2%。

放盐要选品种

烹调中使用的盐，大致为两种：一种是精盐，呈白色，接近于面状；另一种是粒盐，呈浅灰色，大粒状。根据烹调实际需要，烹调速度快，或不宜随意翻动的菜肴，如熘、炒、煎、贴等品种，最好用精盐。原因是，精盐如面，见汤（热）易化，其分子溶于汤汁之中的同时，也会浸入原料（菜肴）内部，调味均匀，效果比较好。但是，对于烹调速度慢，或可以随意翻动的菜肴，如酱、煮、炖、煨、烩等品种，最好用粒盐。原因是，粒盐在加工过程中，掺入其他原料较少，或不掺其他原料，基本属于纯成味，当放入菜锅以后，盐粒会渐渐溶化，使菜肴徐徐入味，成品滋味醇正，效果比较理想。

放盐要讲方法

菜肴的调味要留有余地，这对于初学烹饪者来讲比较适用。为了防止菜肴口味过咸，当第一次加盐尝试后，觉得口味淡，再补充一些。这样二次加盐，可以万无一失，保证菜肴口味达到人们追求的质量要求。但是，自己若是一个技术比较娴熟的厨师，并且经常重复制作某些品种，那每份菜肴投放盐量的多少，事先心中早有定数，不必分次放盐，一次性就可足量投入。这样放盐，果断、迅速，定会提高烹调菜肴的速度。在饭（酒）店中，烹调速度快，便等于在单位时间内提高了工作效率。

做菜多放盐不利于健康

盐的成分是氯化钠，而钠是人体的重要必需元素。它可以帮助调节人体水分平衡和酸碱平衡，还能影响血压和神经肌肉的兴奋性。但是，人体每天所需的钠并不太多，过多的钠不仅会增加肾脏的负担，还可能提高血压，增加钙等其他矿物质的排泄，甚至增加罹患胃癌的风险。肥胖、高血压、心血管疾病、糖尿病和骨质疏松者的膳食都要求控制脂肪和盐分。对女士来说，吃过多的盐还容易加剧浮肿、黑眼圈、头痛和经前期不适等问题。按世界卫生组织的建议，每天吃 6 克盐最为理想，而我国居民的日均摄盐量超过 12 克，有些地方甚至高达 20 克。特别是许多中年人不能改变爱好浓味的饮食习惯，而随着年龄的增长，人的味觉灵敏度往往会明显下降，更喜欢放更多的盐和酱油。那么应当怎样解决这个矛盾呢？其实解决问题并不难，只要注意食物的烹调方法和调味方式，就可以在获得美味的同时保证健康饮食。

成年人每人每天食盐的摄入量不应超过 6 克，这里还应该把"隐形盐"计算在内。像味精、鸡精、酱油、番茄酱、蚝油、豆瓣酱、豆豉含有的钠离子都不低，尤其味精是含钠大户，100 克的食盐中含有近 4 万毫克钠离子，而 100 克的味精中含有的钠离子可达 2.1 万毫克。更直观地说，每 100 克味精相当于含盐约 53 克，即使用的味精中一半都是盐。同样，酱油的"盐"含量也不低，一般而言，10～15 毫升的普通酱油即等于 2～3 克盐。方便面也含盐，一个普通的杯面含盐 7～8 克。此外椒盐饼、咸面包、五仁酥、咸味夹心饼干等都要用盐来调味。

方法一：晚放盐胜过早放盐

要达到同样的咸味，晚放盐比早放盐用的盐量少一些。原来，人体味蕾上有咸味感受器，它与食物表面附着的钠离子发生作用，才能感知到咸味。如果晚些放盐，或者少放些盐，起锅前烹少量酱油增味，盐分尚未深入到食品内部，但舌头上照样感觉到咸味。如此，就可以在同样的咸度下减少盐的用量。如果较早放盐，则盐分已经深入食品内部，在同样的咸度感觉下不知不觉摄入了更多的盐分，于健康不利。

肉类稍微用酱油腌一下，然后放在烤箱里面烤熟，也是一个省油省盐的好办法。这样做不仅一滴油也不用放，还能把其中的脂肪烤出来一些。表面有点咸味和香味，内部味道是淡的，减少了不少盐分。用生鲜蔬菜切块，或者先把食物蒸熟，然后用少量调味汁或调味酱蘸着吃，也可以避免食物内部接触盐分。

调凉拌菜的时候，盐分往往局限在菜的表面和下面的调味汁中。如果尽快吃完，让盐分来不及深入切块内部，就可以把一部分盐分留在菜汤当中。虽然菜汤里有一部分维生素，但不必可惜，多吃些蔬菜水果便可以弥补了。

方法二：多放醋，少放糖，适当加鲜香

食品当中的味道之间有着奇妙的相互作用。比如说，少量的盐可以突出大量糖的甜味，而放一勺糖却会减轻菜的咸味。所以，需要控制盐分的人，最好能避免吃放糖的菜肴，包括糖醋菜和甜咸菜，也要少吃蜜饯类小吃，因为这样做必然会无形中增加盐的摄入。反之，酸味却可以强化咸味，多放醋就感觉不到咸味太淡。因此经常在菜里面放点醋可以减少盐的用量。做菜时加些番茄酱、柠檬汁，也有一样的效果。增加酸味，不仅能促进消化、提高食欲，还能增加矿物质的吸收率，减少维生素的损失，可以说是一举多得。

咸味不足的食品往往淡而无味。此时，如果加点辣椒、花椒、葱、姜、蒜之类香辛料炝锅，再适当放些鲜味调味品，可以使比较淡的菜肴变得更好吃一些。表面上撒一点芝麻、花生碎，或者淋一点芝麻酱、花生酱、蒜泥、芥末汁、番茄酱等，就显得更为生动可口。

同理，如果烹调原本味道浓重的原料，如番茄、芹菜、香菜、茼蒿、洋葱之类，便不妨少放盐了。

正由于有"隐形盐"的存在，因此，烹饪时如果使用的调味料种类较多，就更应适当减少盐的使用，甚至可以不放盐，因为这些调料同样能满足人们对味道的需求。

 补碘因地制宜　用碘盐要科学合理

碘缺乏病是由于自然环境碘缺乏造成机体碘营养不良所表现的一系列疾病的总称。它是导致人类智力损害的最主要、最常见的原因。缺碘除了会患上俗称"大脖子病"的甲状腺肿之外，更大的危害是造成新生儿脑损伤和婴幼儿智力低下，碘缺乏儿童的智商要比正常儿童平均低10%～20%。经过国际医学界一百多年的实践证明，食用加碘盐是防治碘缺乏危害的最好办法。如果每人每天食用5～10克加碘盐，就能获取100～300毫克碘，这样既能满足人体的生理需要又不会造成不良反应。

我国是受碘缺乏病威胁最为广泛的国家之一，全国范围内的外环境是普遍缺碘的，除上海市外，全国30个省（自治区、直辖市）和新疆生产建设兵团均有不同程度的碘缺乏病流行。我国于1994年第一次确定食用盐碘含量标准，碘盐含碘浓度（以碘离子计）：加工为50毫克/千克，出厂不低于40毫克/千克。

随后，我国在1996年对盐碘含量规定不得超过60毫克/千克的上限值。2000年，盐碘含量标准下调为加工水平35毫克/千克，允许波动范围为±15毫克/千克。2006年，按照"因地制宜、科学补碘"的原则，对食盐标准（GB 5461—2000《食用盐》）进行修订。截至2011年年底，全国已有28个省（自治区、直辖市）达到了省级消除碘缺乏病的阶段目标，97.9%的县（市、区）达到了消除碘缺乏病目标。

但随着社会的发展，近年来补碘是否过量的问题也引起了公众关心。根据浙江省疾控中心调查，目前浙江省人群尿碘总体水平处于世界卫生组织提出的普通人群碘营养适宜范围100～199微克/升之间。但与此同时，根据浙江省疾控中心过去两年对18956人进行的B超检查，浙江省居民甲状腺结节的患病率已经达到了21.78%。也就是说，每5个人就有至少一个甲状腺结节。虽然无法将甲状腺结节的原因归结于碘摄入过量，但碘与任何营养素的摄入是一样的，过低或过高的量都会对身体健康产生影响。

2011年9月15日，卫生部发布了GB 26878—2011《食用盐碘含量》。食用盐中的碘含量标准不再全国"一刀切"。各地可以根据当地人群的实际碘营养水平，在规定范围内浮动添加。新标准缩小了食用盐碘含量的允许波动范围，由原来的（35±15）毫克/千克调整为食用盐碘含量平均水平的±30%。

此外，新标准规定各地可结合本省人群碘营养水平供应一种、两种或三种碘含量的碘盐。卫生部建议，甲状腺功能亢进、甲状腺炎、自身免疫性甲状腺疾病等甲状腺疾病患者中的少数人，因治疗需要遵医嘱可不食用或少食用碘盐。生活在高碘地区的居民，他们每天从食物和饮用水中已经得到了较高剂量的碘，这部分人群也不宜食用碘盐。

浙江省疾病预防控制专家指出，很多人以为沿海居民吃海鲜比较多，不缺碘，其实这个说法并不准确。2009年，卫生部在福建、上海、浙江、辽宁4省（直辖市）开展的沿海地区居民膳食碘摄入量调查结果显示，沿海地区膳食中的碘84.2%来自于加碘食盐，而来自于各类食物的碘仅占13.1%（其中海带、紫菜和海鱼共占2.1%），而来自于饮用水的碘占2.7%。如果食用无碘盐，97%以上的居民碘摄入量低于推荐摄入量。因此，沿海地区的居民也需要普及加碘食盐。新婚育龄妇女、孕妇、哺乳期妇女，缺碘可能会引起胎儿流产、早产、死产、先天畸形、先天聋哑等，建议孕妇除在孕期坚持食用碘盐外，还应摄食一些含碘高的食品，如海带、紫菜、鲜带鱼、蚶干、干贝、淡菜、海参、海蜇等海产品。同时，为避免引起痴呆等智力发育不良问题，婴幼儿和儿童也要坚持食用加碘盐。此外，公众如果感觉自己甲状腺结节比较明显，或担心自己有甲状腺疾病，建议到医院做个甲状腺B超检查和尿碘水平检查，再遵医嘱确定是否补碘、合理补碘，不要盲目自行决定。

为指导公众合理补碘，根据卫生部等8部委统一部署，浙江省出台食盐加碘新标准，调低了食用盐的含碘量。2012年3月15日起，浙江省正式实施新的食盐含碘量浓度标准。经浙江省政府同意，省卫生厅、省发改委、省教育厅、省经信委、省财政厅、省工商局、省质监局、省广电局、省盐务局联合下发通知规定，浙江省食盐中允许添加的碘含量从过去的每千克35毫克降低到25毫克，并从即日起按新标准生产加碘盐。省盐业部门随即布置了包装改版、设备改造、产销计划衔接等各项工作，省内5家、省外8家加碘盐定点生产企业全部按照新标准生产碘盐，并于2012年5月以原有价格陆续上市。同时，新标准碘盐全面推行之后，盐业部门已经将无碘盐的销售网点增加到了1425家，基本做到每个乡镇都有一个销售网点，方便因病不宜食用碘盐等特需人群购买。公众可以登录浙江盐业网（www.zjsalt.com）查看具体网点分布。在杭州，可以买到无碘盐的副食品店有143家，居民可以直接在超市里购买，不需要像过去那样凭病历卡。

在食用加碘盐时应注意以下几点：①缺碘地区的居民必须科学地、长期地食用加碘盐，否则，一旦停用碘盐，碘缺乏病就会复发；②每次购买碘盐不要太多，因为时间久碘元素易挥发；③放碘盐的容器应为加盖的，并放置在干燥、遮光、避高温处；④在菜肴将起锅时再加入碘盐，不要用碘盐爆锅、长炖、久煮，碘易挥发。

四季豆、蚕豆和豆浆要煮熟后食用

四季豆：如果四季豆未煮熟，豆中的皂素会强烈刺激消化道，而且豆中含有凝血素，具有凝血作用，所以四季豆是一种毒性食物，处理不当是会引发中毒的。此外四季豆中还含有亚硝酸盐和胰蛋白酶，可刺激人体的肠胃，使人食物中毒，出现胃肠炎症状。为了防止出现四季豆食物中毒，一定要将四季豆煮透、煮熟。

蚕豆：生蚕豆含有巢菜碱苷，人食入这种物质后，可引起急性溶血性贫血（蚕豆黄病）。春夏两季吃青蚕豆时，如果烹制不当，常会使人发生食物中毒现象。而且一般在吃生蚕豆后4～24小时发病。为了防止出现蚕豆食物中毒，最好不要吃新鲜的嫩蚕豆，而且一定要煮熟后再食用。

生豆浆：由于生大豆中含有毒性食物成分，因此，如果豆浆未煮熟时就食用，也可引起食物中毒。特别是将豆浆加热至80℃左右时，皂素受热膨胀，泡沫上浮，形成"假沸"现象，其实此时存在于豆浆中的皂素等有毒成分并没有完全破坏，如果饮用这种豆浆即会引起中毒，通常在食用0.5～1小时后即可发病，主要表现为胃肠炎症状。为了防止饮用生豆浆食物中毒，在煮豆浆时，出现"假沸"后还应继续加热至100℃，然后再用小火煮10分钟左右。煮熟的豆浆没有泡沫，而且消失的泡沫也表明皂素等有毒成分受到破坏，达到安全食用的目的。

不要食用发芽、发绿的马铃薯

马铃薯含有毒成分茄碱（马铃薯毒素、龙葵素）各部位含量不同，成熟的马铃薯含量较少，一般不引起中毒，而马铃薯的芽、花、叶及块茎的外层皮中却含有较高的茄碱，马铃薯嫩芽部位的毒素甚至比肉质部分高几十倍至几百倍。未成熟的绿色马铃薯，或因贮存不当而出现黑绿色斑的马铃薯块茎中，都含有极高的毒性物质。为了防止马铃薯食物中毒，可将马铃薯贮藏在干燥阴凉的地方，防止发芽。吃马铃薯时，如果发现发芽或皮肉呈黑绿色时，最好不要食用。

食物消毒存在四个误区

误区1 / 有坏味的食物，只要煮一煮，就可以吃了

这种认识是错误的，因为有的细菌能耐高温，比如能破坏人体中枢神经的"肉毒杆菌"，它的菌芽孢在100℃的沸水中，仍能生存5个多小时。有的细菌虽然被杀死了，但它在食物中繁殖时所产生的毒素，或死菌本身的毒素，并不能完全被沸水破坏。所以，变坏了的食物即使经过蒸煮以后再吃，还是有可能会使人中毒。

误区2 / 细菌怕盐，所以咸肉、腌鱼等就不用消毒

这种认识也不对。因为可以使人"肠胃发炎"的沙门菌，就能够在含盐量高达10%～15%的肉类中生存好几个月，只有用沸水煮30分钟才能将其全部杀死。所以，食用腌制食品时，也不要掉以轻心，需要严格消毒才行。

误区3 / 冰冻的食物没有细菌

细菌的数量不计其数，千差万别，有耐高温、耐高浓度盐分的，也有专门在低温下生存、繁殖的细菌。比如能导致人发生严重腹泻、失水的嗜盐菌，可在-20℃的蛋白质内生存达11周之久。所以，食用冰冻食物时也不能大意，要煮熟炖透才行。

误区4 食物只要经过煮沸，就可以消毒杀菌

这种说法只对了一半。食物中毒可分为生物型和化学型两大类。生物型中毒主要是指细菌、病毒、微生物等污染食物，例如腐败食物中的霉菌，这一类食物可用高温蒸煮进行消毒，即使留有少量毒素也不会造成严重危害。但化学型中毒不是高温处理所能避免的，有时煮沸反而会使毒素浓度增大，比如，烂白菜中产生有毒的亚硝酸盐，人吃了就会发生严重的中毒现象。此外，发芽和未成熟马铃薯中的龙葵素等，均不能通过高温达到消毒目的。

微波炉加热食品的容器选用有讲究

随着都市人生活节奏的加快，加热快、用起来方便的微波炉已经成为人们生活中不可或缺的用品。但微波炉加热食品时一定要选用微波炉适用的餐具盛放食品，注意塑料餐具的"身份证"。每个塑料容器都有一个小小"身份证"，那就是一个三角形的符号，一般就在塑料容器的底部。在我国国家标准GB/T 16288—2008《塑料制品的标志》中，代号为1～140的塑料制品都有详细的材料术语及对应的缩略语，它们的制作材料不同，使用也不同，代号为5（聚丙烯）的塑料制品餐具耐热性较好，可以在微波炉中高温加热。2009年9月1日起实施的《食品容器、包装材料用三聚氰胺-甲醛成型品卫生标准》已经明确规定了仿瓷（密胺）类产品应标注"严禁在微波炉内加热使用"。还有金属容器和餐具、部分塑料容器和餐具［聚苯乙烯（PS）、聚氯乙烯（PVC）、聚酯（PET）等］等均不可在微波炉加热。不锈钢餐具是密闭的金属，金属对微波只能反射，不能穿透和吸收，如果放进微波炉，里面的饭菜是热不了的，而且容易微波打火。

据了解，目前广泛用于微波炉加热的食品盛器有陶瓷和塑料两大类，现在国内市场上销售的此类容器，无论陶瓷或塑料几乎都标有"微波炉适用"字样。而实际上这些产品的微波性能和质量差别极大。以陶瓷为例，对用于微波加热的陶瓷食品盛器应有比国标更高的要求。因为陶瓷的主要原料是化学成分为硅铝酸盐的黏土（高岭土）。优质高岭土经高温烧结后性能稳定，无毒，微

波介质损耗小，是理想的微波炉用盛器。而劣质高岭土混有各种金属杂质。有些企业为了降低成本和加工方便，掺以铁、铅、镉等化合物，这样盛器的微波损耗就会增大，易于升温。在微波炉中加热时，这些金属会少量析出，危害健康或造成慢性中毒。而瓷器上的彩釉，含有铅、汞、镉、锡等氧化物，加热后更是健康杀手。

对于塑料类容器来说，专家认为，由聚乙烯（PE）热塑成的盛器在-20～120℃范围内化学性能稳定，微波损耗很小，无毒，是理想的首选微波炉盛器。用聚丙烯（PP）制作的盛器（包括薄膜），微波损耗要稍大于聚乙烯，也是较好的微波炉盛器。PP塑料制品可在100℃下长时间工作，在无外力作用时，PP制品被加热至150℃时也不会变形。至于聚氯乙烯（PVC）、聚酯及聚碳酸酯（PC）、泡沫塑料盒、劣质保鲜膜、一次性餐盒以及形形色色的再生塑料甚至用废弃物资加工成的劣质盛器，则应坚决杜绝用于微波炉。

需要注意的是，由于在制作聚碳酸酯（PC）的实际过程中，原料双酚A会有小部分没有完全转化到塑料中，遇热会被释放到食品中，对发育中的胎儿及小孩有害。《塑料一次性餐饮具通用技术要求》已从2011年12月起开始实施，其中对适用于微波炉的塑料餐具进行了具体规定，要求标明产品名称、种类、材质、生产厂家或商标、批号、生产日期等。如产品声明可微波加热使用，还应标注使用温度、微波的使用时间，如标注"微波炉输出功率为2千瓦，则使用时间为1分钟"。另外，若产品有不耐热水、不适用于微波炉、不能接触油质等要求，也应标明。

微波加热饭菜最好用专用器皿，普通的带五颜六色图案花纹的碗盘最好慎用。目前带花纹图案的碗盘分为釉上彩和釉下彩。一般表面光滑的釉上彩器皿可用来微波加热，而表面粗糙不平的釉下彩碗盘等一般含铅量高，不宜长时间用来加热饭菜。在使用中如发现高温时彩釉稍有黏态，就应弃之不用。凡金属及搪瓷容器绝对不能用于微波炉，带金边的陶瓷器皿也不能用于高温加热。这类器皿有的会损害微波炉，有的加热后特别烫手，还有的不耐高温会发生裂爆，非常危险。

消费者选购时最重要的还是要看产品标识。选用微波炉的食品盛器应谨慎，尽量选购大企业正规品牌的产品，拒绝劣质陶瓷；购塑料餐具时首先查看标志是否完整，并注意产品是否在说明书、产品标签等重要位置注明"微波炉适用"的字样。

第六篇

丰富食物怎样吃

 营养搭配均衡有利人体健康

　　自然界赋予人类的每一种食物都含有营养，也就是说它都具有营养价值，但是每一种食物所含有的营养素的种类和数量不尽相同。自然界没有给人类一种营养皆备的食物。所以人要吃多样化的食物，而且要在了解和认识食物营养特点或不足的基础之上，把不同种类的食物科学地、良好地搭配在一起，组成一个平衡的膳食结构。平衡膳食要求做到的就是营养素要既全面、又充足，还要适量与均衡，做到既不营养过剩，又不营养不足，这样才能保证人体的健康。

　　人体的物质结构分为七大类，约50种物质。如果把人体比喻成一间房子，则需要水的循环和门、窗等各个不同的部分。组成人体的第一大物质是水，占人体的75%；蛋白质是组成人体的第二大物质，占20%；第三和第四大物质是碳水化合物和脂肪；第五大物质是以钙为首的宏量与微量矿物质；第六大物质是维生素；第七大物质是纤维素。

人体能量来源于三大营养素，这三大营养素包括蛋白质、脂肪和碳水化合物。三大营养素对人体至关重要，它们对人体有重要的生理功能，如蛋白质是构成人体组织的最主要的原料，是人体内各种酶、各种激素等的主要构成原料，还是人体内许多起调节作用的重要物质的主要原料。脂肪也构成人体组织。碳水化合物是构成血液等其他组织器官的原料，糖类有保肝的功能，有促进蛋白质在人体内氧化代谢的功能。除了生理功能以外，这三种营养素的共同作用就是在人体内发生氧化、产生能量。不同的年龄、从事不同工作的人，每天需要的能量是不相同的，但是如果人体每天摄取到的三大功能营养素比例失调、数量过多，就会造成能量的过剩。

如在办公室工作的男性，每天需要2400千卡的能量，但是如果饮食过剩，比如吃的肉、各种各样的油，还有吃的粮食过多了，就可能使得他每天得到的能量达到2800甚至3000千卡，这时候就会造成体内能量的积蓄。这些能量在人体内氧化以后，一部分供给人体的需求，再有一部分转化为脂肪储存在人体内。这部分储存在人体内的脂肪，一部分存在于人体皮下，另一部分存在于人体的血液、脏器、肌肉中，从而造成人体内各种器官或者血液里面脂肪量升高，体重增加，人就会变得肥胖。

要减肥应该着手于能量，就是使人体摄入的能量和消耗的能量处于一种平衡的状态，体重就能够得到控制了。所以一个肥胖的人或者是体重超标的人，如果想恢复到合理的体重，首先要控制饮食，使得饮食的能量摄取与实际需要相符合，再有一个就是要加大运动量，增加能量消耗。

任何一种食物不管口味有多好，也不能吃过量，要讲究一个适量，讲究一个适度。就是吃什么东西都不要太多，不要太咸、不要太甜、不要太烫。少了这个"太"字，增加一个"适度"，就会好转。

白开水——无可替代的身体滋润剂

养成定量喝水的习惯，不要等到口渴才喝。一般成年人体重的55% ～75%是水，水最常见的作用就是维持体温。天气热时，通过排汗，水在皮肤上蒸发，体温就降下来了。当然，水还有其他重要生理功能，如体内各种物质的运输，作为代谢反应发生的场所，润滑身体组织，甚至还能软化粪便防止便秘等。因此，为维持身体的正常代谢功能，就应尽量避免身体脱水，特别是在运动或者天气炎热时。中山大学附属第三医院营养科主任卞华伟说，身体内的水分失去500～1000毫升时就会感到口渴，如失去体液再多一些，身体就会失去力量和持久力，如果再失水并且处于高温下，就会虚脱或中暑。所以，平时应养成定量喝水的习惯，而不是等到感觉口渴时再喝水。当我们感觉到口渴，实际上身体早已有了脱水的情况，尤其对于老人和儿童，在炎热的天气下，等口渴再喝水已经太晚，在同样的情况下，即使健康成人，身体内已可能有两杯以上的水被消耗了。

每天究竟应该喝多少水？ 一般建议每天喝10杯水。每一杯的标准量应该是250毫升，那么每天8杯水就是2000毫升。为什么呢？这是根据每天身体利用能量的多少计算而来的。成年人每1000千卡热量需要耗1～1.5升的水。每天的热量消耗量按身高、体重和活动量来计算的话，需要多少水就能计算出来。比如身高175厘米的男性，办公室工作（轻体力劳动），体重正常，那么此人每天的能量消耗为：（175-105）×30=2100千卡，即每天需要消耗的水量为2100～3150毫升，也就是需要8～12杯水。

当然，除了饮水外，每餐的食物和水果等可产生一定量的水分。所以，上述案例中的男性每天也该保持饮用10杯水左右才是安全的。如果在工作之外有其他活动，身体会丢失更多的水分，那么可在10杯水的基础上，参照增加活动的强度和持续时间，每小时增加1～3杯水。为了知道喝水是否足够，可检查尿液，尿液变得清澈则表明水喝够了。另一种方法是在剧烈的体育运动后称体重，每减轻0.5千克的体重，则用两杯的饮料补充。

自来水VS瓶装水。 在我国，自来水作为饮用水来源，与瓶装水是同样安全的。只不过，根据对消费者的调查，有些人偏爱滋味，瓶装水通常不含氟，自来水中的氟会使水有轻微的气味。

除了蒸馏水，饮用水中可能含有不同量的矿物质，如氟、钙、钠、铁、镁等。如果只是补充水分而言，矿泉水同自来水没有区别，因为矿泉水中的矿物质含量也不高。因此，专家认为，只要不过度强调其中成分的特殊作用，喝普通水或矿泉水都是好的。

科学饮水时间表

6：30晨起喝250毫升的淡盐水或凉白开水，补充夜晚流失的水分，清肠排毒。

8：30到办公室后喝250毫升水，清晨的忙碌使水分在不知不觉中流失了很多，这时候补水特别重要。

11：30午餐前忙了一上午也该休息一会儿了，午餐前喝水有助于激活消化系统活力。

12：30午餐后喝水加快血液循环，促进营养素的吸收。

14：00上班前喝杯清茶消除疲劳，给身体充充电，这一杯水很重要。

17：00下班前喝一杯，忙了一天，身体里的水分也消耗得差不多了，这时候补水还能带来肠胃的饱胀感，减少晚餐食量，这一招特别适用于想减肥的人士。

22：00睡前喝200毫升水，降低血液黏稠度才能睡得更好，这样就完成了每天2100～2800毫升的补水量。

隐藏在水和饮料背后的几个惊人真相

如今，重视喝水的人越来越多了，但真正会喝的人，却为数不多。不挑时间地喝、不计较内容地喝、不动脑筋地喝，都只能证明你只是喝水，却不一定是喝对了水。在这个流行爱惜身体的年代，曾经被认为最简单的喝水，也不得不成了一门高深的学问。

清晨慎补水。许多人把起床后饮水视为每日的功课，图它润肠通便，降低血液黏度，让整个人看上去水灵灵的。可是早晨怎样补水才更健康呢？其实，没有一定之规，早餐补水也要因人而异。消瘦、肤白、体质寒凉的人，早晨不适合饮用低于体温的牛奶、果汁或冷水，可以换作温热的汤和粥。

鲜榨果汁不适合早晨空空的肠胃，即使是在夏季也要配合早餐一起饮用。早晨补水忌盐，煲的浓浓的肉汤、咸咸的馄饨汤都不适合早晨，这只会加重早晨身体的饥渴。

餐前补水最养胃。吃饭前还要补水吗？那不是会冲淡胃液影响消化吗？西餐有餐前开胃的步骤，其道理在于利用汤菜来调动食欲，润滑食道，为进餐做好准备。饭前补水也有着同样的意义，进固体食物前，先小饮半杯（约100毫升），可以是温度达到室温的果汁、酸奶，也可以是温热的冰糖菊花水或淡淡的茶水，或者是一小碗浓浓的开胃汤，都是很好的养胃之法。

多喝看不见的水。有的人看上去一天到晚都不喝水，那是因为由食物中摄取的水分已经足够应付所需。食物也含水，比如米饭，其中含水量达到60%，而粥呢，就更是含水丰富了。翻开食物成分表不难看出，蔬菜、水果的含水量一般超过70%，即便一天只吃500克果蔬，也能获得300~400毫升水分（约两杯）。

加之日常饮食讲究的就是干稀搭配，所以从三餐食物中获得1500~2000毫升的水分并不困难。不如充分利用三餐进食的机会来补水吧！多选果蔬和不咸的汤粥，补水效果都不错。

喝水的学问

国家标准对矿泉水有着明确的界定。简单说来，除了"天然""未经污染"之外，最重要的就是其中含有"有益"的成分。这些有益的成分包括：锂、锶、锌、硒、溴化物、碘化物、偏硅酸、游离二氧化碳和溶解性总固体。这九类成分中只要有一种达到了规定的指标，就可以称为"矿泉水"。对于矿泉水的作用，典型的说法是"偶尔喝一点没有立竿见影的好处，但是长期饮用就有保健作用"。当然这些"保健作用"和"长期"属于很难界定的东西，更多的是"信则灵"的意思。的确，矿泉水中列出的这些成分对于人体是必需或者有益的，但是并不意味着一定要从饮水中获取，毕竟人还要吃各种食物，而通常食物更能提供多种成分。到底是矿泉水中该物质的作用还是食物中的呢？这个没有一个定论。但是在中国，也有"投机倒把"之人，借着矿物质的光环，玩起了文字游戏。通过往纯化水中加入矿物质成分而得到的"矿物质水"，给人一种"矿泉水"的错觉。因为中国"矿物质水"的国家标准，所以让商家钻了空子。消费者选购时，一定要分辨清楚自己买的到底是"矿泉水"还是所谓的"矿物质水"。

纯净水是瓶装水的另一个门类方向。普通的江河湖水中含有的矿物质也不少，只是这些水中还含有许多有害成分，如重金属和细菌等。为了卫生健康，只好对它们进行"净化"，而净化的过程就不管有益的还是有害的成分，统统都没有了。相对于这些无机物质，致病细菌的危害更为直接，所以纯净水的杀菌更为关键。我们天天都要喝水，只要水里的重金属和致病细菌等有害成分的含量低到不影响健康的程度就可以饮用，因此纯净水具有很大的市场。

对于"保健食品""食疗"的特殊偏好，使得我们对于喝水也就有了特别的关注。然而非要从水中寻找"营养""保健"甚至"食疗"作用，大概只能徒增负担，给商家提供一个炒作赚钱的途径而已。

四种水不能喝

人可一日无食，但不可一日无水。但是并非所有的水都可以健康饮用，以下几种水在某种程度上会形成亚硝酸盐及其他有毒有害物质，会对人体产生一定的危害，因此要引起人们的关注。

1. 老化水。俗称"死水"，也就是长时间贮存不动的水。常饮用这种水，对未成年人来说，会使细胞新陈代谢明显减慢，影响身体生长发育；中老年人则会加速衰老，以及出现食道癌、胃癌发病率日益增高的现象。

2. 千滚水。千滚水就是在炉上沸腾了一夜或很长时间的水，还有电热水器中反复煮沸的水。这种水因煮过久，水中不挥发性物质，如钙、镁、重金属成分和亚硝酸盐含量很高。久饮这种水，会干扰人的胃肠功能，出现暂时腹泻、腹胀；有毒的亚硝酸盐还会造成机体缺氧。

3. 不开的水。人们饮用的自来水，都是经氯化消毒灭菌处理过的。氯处理过的水中可分离出13种有害物质，其中卤代烃、氯仿还具有致癌、致畸作用。当水温达到90℃时，卤代烃含量由原来的每千克53微克上升到177微克，超过国家饮用水卫生标准的2倍。专家指出，饮用未煮沸的水，患膀胱癌、直肠癌的可能性增加21%～38%。当水温达到100℃，这两种有害物质会随蒸汽蒸发而大大减少，如继续沸腾3分钟，则饮用安全。

4. 重新煮开的水。有人习惯把热水瓶中的剩余温开水重新烧开再饮，目的是节水、节煤（气）、节时。但这种"节约"不足取。因为水烧了又烧，使水分再次蒸发，亚硝酸盐含量会升高，常喝这种水，亚硝酸盐会在体内积聚，引起疾病。

吃鸡蛋的六大误区

误区1 / **蛋壳颜色越深，营养价值越高**

许多人买鸡蛋只挑红壳的，说是红壳蛋营养价值高，而事实并非如此。蛋壳的颜色主要是由一种叫"卵壳卟啉"的物质决定的，而这种物质并无营养价值。分析表明，鸡蛋的营养价值高低取决于鸡的饮食营养结构。评价蛋白品质的依据主要是蛋白（蛋清）中蛋白质的含量。从感官上看，蛋清越浓稠，表明蛋白质含量越高，蛋白的品质越好。蛋黄的颜色有深有浅，从淡黄色至橙黄色都有。蛋黄颜色与其含有的色素有关。蛋黄中主要的色素有叶黄素、玉米黄质、黄体素、胡萝卜素及核黄素等。蛋黄颜色深浅通常仅表明色素含量的多寡。有些色素如叶黄素、胡萝卜素等可在体内转变成维生素A，因此，正常情况下，蛋黄颜色较深的鸡蛋营养稍好一些。

误区2 鸡蛋怎么吃营养都一样

鸡蛋吃法是多种多样的，有煮、蒸、炸、炒等。就鸡蛋营养的吸收和消化率来讲，煮、蒸蛋为100%，嫩炸为98%，炒蛋为97%，荷包蛋为92.5%，老炸为81.1%，生吃为30%～50%。由此看来，煮、蒸鸡蛋应是最佳的吃法。

误区3 炒鸡蛋放味精味道会更好

鸡蛋本身就含有大量的谷氨酸与一定量的氯化钠，加热后这两种物质会生成一种新物——谷氨酸钠，它就是味精的主要成分，有很醇正的鲜味。如果在炒鸡蛋时放味精，味精分解产生的鲜味就会破坏鸡蛋本身的自然鲜味。因此，炒鸡蛋时不宜放味精。

误区4 煮鸡蛋时间越长越好

为防止鸡蛋在烧煮中蛋壳爆裂，将鸡蛋洗净后，放在盛水的锅内浸泡1分钟，用小火烧开，开后改用文火煮8分钟即可。切忌烧煮时间过长，否则，蛋黄中的亚铁离子会与硫离子产生化学反应，形成硫化亚铁的褐色沉淀，妨碍人体对铁的吸收。油煎鸡蛋过久，边缘会被烤焦，鸡蛋清所含的高分子蛋白质会变成低分子氨基酸，这种氨基酸在高温下常可形成对人体健康不利的化学物质。

误区5 鸡蛋与豆浆同食营养高

早上喝豆浆的时候吃个鸡蛋，或是把鸡蛋打在豆浆里煮，是许多人的饮食习惯。豆浆性味甘平，含植物蛋白、脂肪、碳水化合物、维生素、矿物质等很多营养成分，单独饮用有很好的滋补作用。但其中有一种特殊物质叫胰蛋白酶，它与蛋清中的卵清蛋白相结合，会造成营养成分的损失，降低二者的营养价值。

误区6 "功能鸡蛋"比普通鸡蛋好

随着科学技术的发展，富含锌、碘、硒、钙的各种"功能鸡蛋"问世。其实，并非所有的人都适合食用功能鸡蛋，因为并不是每个人都缺少功能鸡蛋中所含的营养素。因此，消费者在选择功能鸡蛋时应有针对性，缺什么吃什么，切忌盲目进补。

传统早餐几大误区

"牛奶加鸡蛋"代替主食。牛奶加鸡蛋"是不少人早餐的主要内容，但这样的早餐搭配并不科学，早晨人体急需靠含有丰富碳水化合物的早餐来重新补充能量，而牛奶和鸡蛋本身虽然富含蛋白质，但它们提供的优质蛋白主要供给身体结构，不能给身体提供足够的能量，人进食后很快会感到饥饿，对肠胃有一定影响，并会间接影响工作效率和学习效率，对儿童影响尤其大。

建议：早餐主食一定不能缺，喝牛奶、吃鸡蛋的同时应搭配稀粥、面包、馒头等主食补充能量，这类谷物类食物可以使人体得到足够的碳水化合物，并有利于牛奶吸收。

纯牛奶混淆"早餐奶"。牛奶是很多人早餐的必备之选，纯牛奶和早餐奶虽然都有牛奶成分，但配料和营养成分却不同。纯牛奶就只是鲜牛奶，而早餐奶配料包括牛奶、水、麦精、花生、蛋粉、燕麦、稳定剂、铁强化剂、锌强化剂等。早餐奶蛋白质含量一般为2.3%以上，而纯牛奶蛋白质含量通常在2.9%～3.1%。

建议：相比而言早餐奶营养均衡更适于早餐饮用；纯牛奶碳水化合物比例相对较低，进食时最好能搭配一些淀粉类、坚果类食物。

路边餐当早餐。路边购买早餐边走边吃，手动、脚动、嘴动，全身运动，上班一族早晨都在匆忙中度过，尤其住处离单位远的人，早餐往往都在路上解决，吃小区门口、公交车站附近卖的包子、茶叶蛋、肉夹馍、煎饼果子等食品。边走边吃对肠胃健康不利，不利于消化和吸收；另外街头食品往往存在卫生隐患，有可能病从口入。

建议：如果选择街边摊食品做早餐，一是要注意卫生，二是最好买回家或者到单位吃，尽量不要在上班路上吃早餐，以免损害健康。

"油条加豆浆"作为早餐。与较为西化的"牛奶加鸡蛋"相比，中国传统的"油条加豆浆"受到更多人喜爱。但"油条加豆浆"吃法同样不利于健康，油条在高温油炸过程中营养素被破坏并产生致癌物质，对人体健康不利。此外油条跟其他煎炸食品一样，都存在油脂偏高、热量高的问题，早上进食不易消化，再加上豆浆也属于中脂性食品，这种早餐组合油脂量明显超标，不宜长期食用。

建议：早餐最好少吃油条加豆浆，一周不宜超过两次；当天进食的午、晚餐应尽量清淡，不要再吃炸、煎、炒食物，并注意多补充蔬菜。

四种不良饮食习惯

1. 不吃早餐。会严重伤胃，使你无法精力充沛地工作，而且还容易"显老"。德国埃朗根大学研究人员在对7000个男女的长期跟踪后发现，习惯不吃早餐的人占到了40%，而他们的寿命比其余60%的人平均缩短了2.5岁。而另一所大学在一次对80~90岁老年人的研究中发现，他们长寿的共同点之一是：每天吃一顿丰盛的早餐。

建议：早餐食物尽量做到可口、开胃；有足够的数量和较好的质量；体积小，热能高；制备省时省力；在食物的选择上要注意干稀搭配，荤素兼备。

2. 晚餐太丰盛。傍晚时血液中胰岛素的含量为一天中的高峰，胰岛素可使血糖转化成脂肪凝结在血管壁和腹壁上，若晚餐吃得太丰盛，久而久之，人便会肥胖起来。同时，持续时间较长的丰盛晚餐还会破坏人体正常的生物钟，容易使人患上失眠。

建议：第一，晚餐要早吃，可大大降低尿路结石病的发病率。第二，晚餐要素吃，晚餐一定要偏素，尤其应多摄入一些新鲜蔬菜，尽量减少过多的蛋白质和脂肪类食物的摄入。第三，晚餐要少吃，一般要求晚餐所供给的热量不超过全日膳食总热量的30%。

3. 嗜饮咖啡。一是会降低受孕率。每天每人喝一杯咖啡，受孕率就有可能下降50%。二是会容易患心脏病。咖啡中含有高浓度的咖啡因，可使心脏功能发生改变并使血管中的胆固醇增高。三是会降低工作效率。

建议：减少喝咖啡的量及次数。

4. 食用酒精过量摄入。大量或经常饮酒，会使肝脏发生酒精中毒而致发炎、肿大，影响生殖、泌尿系统。

建议：要喝酒就得先学会怎么喝。从健康角度来看，以饮红葡萄酒为优。每天下午2点以后饮酒较安全。因为上午胃中分解酒精的酶——酒精脱氢酶浓度低，饮用等量的酒，上午较下午更易吸收，对肝、脑等器官造成较大伤害。此外，空腹、睡前、感冒或情绪激动时也不宜饮酒。一个体重60千克的人每天允许摄入的酒精量应限制在60克以下。从酒精的代谢规律看，最佳佐菜当推高蛋白和含维生素多的食物，切忌用咸鱼、香肠、腊肉下酒，因为此类熏腊食品含有大量色素与亚硝胺，与酒精发生反应，不仅伤肝，而且损害口腔与食道黏膜，甚至诱发癌症。

有损健康的八大饮食陋习

1. 吃得过咸。据统计，全国人均吃盐量为每天10克以上，其中以东北人最高，达18克。世界卫生组织（WHO）建议应把食盐量控制在每日5克以下。吃得过咸会明显增加高血压、胃癌等病的发病率。

2. 吃味精过多。增加了人体对钠的摄入量，而过量的钠元素对人体有害。

3. 喜欢相互夹菜。这增加了疾病的传染概率。

4. 喜欢吃动物内脏。动物内脏中含有较多的胆固醇，而胆固醇是诱发与加重动脉粥样硬化的重要因素。

5. 烹调多采用煎、炒、烹、炸等方法。喜欢吃炒菜和油炸食物，这增加了患癌症的概率。

6. 喜欢吃含脂肪较高的红肉（猪、牛、羊肉），吃白肉（鱼和鸡等）的比例较小。近年来中国人吃白肉的比例在逐年增加，这是好现象。

7. 喜欢吃咸鱼、咸肉、咸菜等腌制食品。这不仅增加了盐的摄入量，且由于腌制食品中含有较多的亚硝酸盐，还增加了患癌症的概率。

8. 喜欢吃各种卤肉。制作卤肉时加入的肉桂、八角（大料）、茴香、丁香、花椒等香料，不但性温燥，容易让人上火，而且由于其中含有一定量的黄樟素，有一定的诱变性和毒性，容易致癌。所以，患有感冒、发烧、炎性疾病和慢性肝病者应少食卤肉。

多吃蔬菜水果有利于减少疾病发生

美国康乃尔大学坎贝尔教授父子与牛津大学及中国预防医学科学院研究者，就20世纪80年代根据中国大陆和台湾地区进行的流行病学调查结果，出版了《中国健康调查报告》，提出以动物肉类为基础的饮食与许多慢性疾病有关系，而以植物为基础的饮食是最健康的。

1983—1989年，在中国的24个省、直辖市、自治区的69个县开展了三次关于膳食、生活方式和疾病死亡率的流行病学调查，中国的肥胖、糖尿病发病率非常低，而当时西方国家肥胖、糖尿病与常见癌症已是热点话题。时至今日，中国的营养膳食结构的变化可谓巨变，随着中国人饮食的日益精细，能量过于富余，中国已经成为不折不扣的糖尿病大国。因此，从健康角度出发，多吃蔬菜水果对人身体健康十分重要。

纯素食不一定营养安全

遵循纯素食生活方式的人们，他们是不吃任何肉或动物制品的严格的素食者，他们的食谱倾向于缺乏几种关键的营养物质——包括铁、锌、维生素B_{12}和ω-3脂肪酸。尽管平衡的素食食谱可以提供足够的蛋白质，但在脂肪和脂肪酸方面并不总是如此。其结果是，纯素食者倾向于具有更高的血高半胱氨酸水平和更低的高密度脂蛋白胆固醇（HDL-C，好的胆固醇）水平，这两者都是心脏病的风险因素。目前已知吃肉的人的心血管风险因素的组合显著高于素食者，但是如果不及时补充他们饮食中缺乏的ω-3脂肪酸和维生素B_{12}，可能增加出现血栓和动脉粥样硬化的风险，这些症状可能导致心肌梗死和脑卒中。

ω-3脂肪酸的良好来源包括鲑鱼和其他油脂鱼、核桃和某些坚果。维生素B_{12}的良好来源包括海鲜、蛋和强化牛奶。饮食补充剂也可以提供这些营养物质。

长寿未必是素食之功

一般而言，现代的膳食指南确实是建议人们的食谱中加入更多的植物性食物。比如美国癌症研究协会认为食物应该有2/3以上来自于植物。多数西方人吃大量的肉和奶制品，植物中的维生素、纤维素、抗氧化剂等成分往往不足，所以需要加大植物成分所占比重。但这并不意味着植物性食物就越多越好，以至于到"素食"的地步。

至于素食者是否更加健康长寿，我们当然不能用"某某人吃素，活到100岁"来证明，因为同样可以找到整日大鱼大肉抽烟喝酒活到100岁的个案。要说明这个问题，需要大量的统计数据。

在英国和美国进行过几项涉及人数多达数万、持续时间十余年的跟踪。结果发现，素食者的平均寿命确实比社会平均水平要高。或者说在一定时期内，素食者的死亡率确实比杂食者要低。不过，素食还往往伴随着其他的生活方式的差异，表面上的寿命或者死亡率的差别并不能说明就是素食产生的结果。比如，素食者往往饮食节制，抽烟喝酒的比例也比社会平均水平要低，这些对于健康都有着明确的好处。在多数研究中，当研究者们剔除了其他因素的影响，发现素食（或者只吃很少的肉），并不是这些人更加长寿的唯一原因。换言之，如果你坚持素食者的那些"健康的生活方式"，比如不抽烟、不喝酒、节制饮食等，那么吃肉的你健康长寿的可能性就会跟他们一样大。

素食者营养补充方案

理论上说，几乎人体所需的所有营养成分都能通过植物性食物来获得。唯一的例外是维生素B_{12}，它通常只在肉、蛋、奶等食物中才含有。严格的素食者就不能通过天然食物来获取维生素B_{12}。不过，现代配方食品中，有很多加了维生素B_{12}的面包、麦片之类的食品。只要不是连加工食品也不吃的人，完全可以通过这样的“素食”来获得足够的量。

素食者容易营养失衡的另一种常见原因是植物蛋白的“品质”不如动物蛋白。其实，所谓的蛋白质“品质”只在比较单一一种蛋白质的时候有意义。比如，如果只依靠大米或者面粉中的蛋白质来满足人体对氨基酸的需求，那么这些蛋白质的确比肉、蛋、奶中的蛋白质效率要差。不过，一方面，素食中的豆制品也是高品质的蛋白质；另一方面，不同食物中的蛋白质“缺陷”各不相同，互相补强的结果也能高效满足人体需求。所以，素食者解决蛋白质需求的问题并不困难。

不过，理论上的“可以”往往并不意味着实际生活中的“能够”。对于多数人而言，大概不会花很多功夫去搞清楚自己对于各种营养成分的需求是多少，以及各种食物中的营养含量有多少。人们往往都是随心所欲地吃东西。在动物性、植物性食物都吃的情况下，实现营养成分的全面均衡就要方便和容易得多。

如果从人类可持续发展的角度来说，植物性食物对于地球资源的利用率确实要高一些。对于那些为了这个目标而素食的人来说，确实应该给予充分的尊敬。但是，人类的发展毕竟是为了让人们活得更美好。那些让人们活得很美好的东西，无论是汽车、飞机，还是电脑、网络，都是依靠消耗地球资源而存在的。相对于这些，肉食对地球的影响并没有那么巨大。对于许多人来说，肉食却是生活中最重要的需求。素食或者肉食，作为一种个人选择，当然应该一同受到尊重，只要吃得健康就行。因此，素食主义者也不应该为任何原因而站在道德的制高点上，去要求别人也素食。

动物屠宰后不会“报复”人类

流言称：市场上能够买到的肉类当中，都发现有一种叫做“腮毒”的毒素在里面，这种毒素是动物在被宰杀痛苦恐惧时，由于情绪的刺激所释放的。原来动物的恐惧和怨恨也可变成毒素并被我们吃下去，事实果真如此吗?

以猪的宰杀为例，具体流程是将检疫合格、停食静养并洗净的生猪赶进屠宰通道（期间禁止脚踢棒打），用电流击晕生猪，在击晕后10秒内开始放血，放血后的猪胴体经过清洗、去皮、去毛、去除内脏、劈半后，冷却保存。该过程不排除生猪在进入屠宰通道时受到某些精神或生理刺激会产生某些所谓的"毒素"。这种处理方式，相对传统的屠宰方式而言，伤害应该更低，危险发生的概率也更低。即便动物由于恐惧和痛苦产生了大量物质，这些物质的效用也只是会让肉类变得质量下降，而非变得"有毒"。故此担心肉类中含有某种因恐惧产生的"毒素"是不必要的。

其次，血液中这些物质存留时间也不长，更何况我们在食用血液制品前还要经过加热等工序，所以也大可不必担心血液制品中有"毒素"存留。食物在管道内一直向前，途中与消化液混合，营养物质被各种消化酶处理过，然后才以各种方式吸收入血。如此进入血液的营养物质，已经不大能保持原有的风貌了。而这些自肠道吸收的营养，还要首先经过人体的化工厂——肝脏的处理才得以进入体循环。我们的肝细胞是清除、代谢激素的一把好手，故此，即便肉类食物经过清洗、加工、烹饪之后还残留激素类"毒物"，到这里也基本被清理掉了。

因此，动物的恐惧和体内由此而来的"毒素"是不会对我们的饭桌安全产生什么威胁的，大可不必担忧"吃下动物的恐惧"。

 ## 吃撑会带来十种病

"吃了吗"，这句国人打招呼时最常说的客套话，足以说明人们对吃的重视。谁能不吃饭呢？只是现代人的胃口越来越大，吃得越来越好才带来了问题。随机调查发现，所有人都有过吃撑的经历，更有人表示，几乎每天都有吃太撑的时候。人们吃多的场合，多见于以下几个。第一种是自助餐，食物选择丰富，再加上抱着要吃够本的心态，让不少人戏称为"饿得扶墙进，吃饱扶墙出"。第二种是商务宴请，因为持续时间长，干坐着太没意思，只能不停地吃，不知不觉就多了。第三种是朋友聚会，有酒有肉加上心情大好，最后肚皮就圆滚滚的了。第四种是工作太忙吃得太急。从开始进食到大脑接到饱的信号需要20分钟，很多人通常用不了10分钟就解决完一顿饭，这种情况也容易吃撑。第五种是压力太大，许多人饮食不规律，只有在较为放松的晚上才能好好吃顿饭，非常容易吃撑着。

美国最新研究提醒那些在饭后揉着肚子、扶着腰、打着饱嗝的人们，哪怕是短期暴饮暴食，带来的健康灾难都无法挽回，不仅体重几年内会一直上升，对全身的伤害甚至会持续很多年。卫生部健康教育专家说："远古时代，胃除了消化外，还发挥着储备的功能，吃饱一顿饿三天也没问题；而现在人们天天有的吃、顿顿吃得好，如果一个人的胃每天能容纳0.5千克的食物，只需填充一半，就足够其一天所需了。否则，只会让机体超负荷运转，造成一系列健康问题。"

1. 肥胖。现代人常吃的高脂肪高蛋白的食物，消化起来更加困难，多余的营养物质堆积在体内，其后果就是肥胖和一系列"富贵病"。肥胖会带来包括心血管疾病、高血压、糖尿病、动脉硬化、胆囊炎等疾病，再加上由此引发的并发症，可能达到上百种，非常可怕。

2. 胃病。吃得过饱所带来的直接危害就是胃肠道负担加重，消化不良。此外，人体胃黏膜上皮细胞寿命较短，每2～3天就应修复一次。如果上顿还未消化，下顿又填满胃部，胃始终处于饱胀状态，胃黏膜就得不到修复的机会，胃大量分泌胃液，会破坏胃黏膜屏障，产生胃部炎症，出现消化不良症状，长此以往，还可能发生胃糜烂等疾病。

3. 肠道疾病。中国台湾科学家发现，脂肪堵塞在肠道里，会造成肠阻塞，大便黑色、带血。

4. 疲劳。吃得过饱会引起大脑反应迟钝，加速大脑的衰老。人们在吃饱后，身上的血液都跑到肠胃系统去"工作"了，容易让人长期处于疲劳状态，昏昏欲睡。

5. 癌症。日本科学家指出，吃得太饱会造成抑制细胞癌化因子的活动能力降低，增加患癌概率。

6. 阿尔茨海默症。日本有关专家还发现，有30%～40%的阿尔茨海默症病人，在青壮年时期都有长期饱食的习惯。

7. 骨质疏松。长期饱食易使骨骼过分脱钙，患骨质疏松的概率会大大提高。

8. 肾病。饮食过量会伤害人的泌尿系统，因为过多的非蛋白氮要从肾脏排出，势必加重肾脏的负担。

9. 急性胰腺炎。晚餐吃得过好过饱，加之饮酒过多，很容易诱发急性胰腺炎。

10. 神经衰弱。晚餐过饱，鼓胀的胃肠会对周围器官造成压迫，使兴奋的"波浪"扩散到大脑皮质其他部位，诱发神经衰弱。

"八分饱"从细嚼慢咽开始

"常吃八分饱，延年又益寿"这话一点不错。这"饱"的尺度到底应如何拿捏呢？对此，专家表示，做到只吃"八分饱"，最好的办法就是细嚼慢咽。

第一，把握好吃饭的时间，最好在感到有点儿饿时开始吃饭，而且每餐在固定时间吃，这样可避免太饿后吃得又多又快。

第二，吃饭时间至少保证20分钟，这是因为若从吃饭开始计时，经过20分钟后，大脑才会接收到吃饱的信号。如果吃饭太快，大脑很可能还没得到最新情报人就已经吃过量了。

第三，每口饭都要咀嚼30次以上。

第四，用小汤匙代替筷子，减慢速度。

第五，可以多吃些凉拌菜和粗粮，生的食物好好咀嚼之后再咽下去，喝燕麦粥一定要比喝白米粥慢，吃全麦馒头也要比吃白馒头的速度慢。

此外，每次少盛一点；吃饭前喝两杯水或是喝碗汤；买小包装的食品；多吃粗纤维的、增加饱腹感的食品，比如豆类、魔芋等；使用浅盘和透明餐具；吃饭时有意识地帮别人转桌夹菜，都是避免吃撑的好办法。

饭后忌做五件事

饭后喝茶=喝"毒药"。"茶叶中含有鞣酸和茶碱，这两种物质都会影响人体对食物的消化。"药物研究院研究员表示，胃液和肠液是人体消化食物必不可少的物质，可当鞣酸进入胃肠道后，会抑制它们的分泌，从而导致消化不良。此外，鞣酸还会与肉类、蛋类、豆制品、乳制品等食物中的蛋白质产生凝固作用，形成不易被消化的鞣酸蛋白凝固物。需要特别提醒的是，如果吃的食物当中含有金属元素，如铁、镁等，鞣酸还有可能与它们发生反应，长年累月就可能形成结石。专家表示，白开水是最好的饭后饮品，既可清口又不影响消化，饭后过半小时就可以喝一些淡茶了。

饭后吃水果=胃肠不适。饭后吃水果，好像是很多人的爱好，但这是一种错误的生活习惯。因为水果中富含单糖类物质，它们通常在小肠被吸收。饭后吃的水果会被食物阻滞在胃内，一是影响食物消化，二是停留时间过长的话，单糖就会发酵而引起腹胀或胃酸过多、便秘等症状。同时，吃了鱼、虾后不宜立即食用葡萄等酸性水果，因为鱼、虾等含有高蛋白和钙等物质，很快与含有鞣酸的水果同食，容易形成不易消化的物质，引起胃肠不适。吃水果最好在饭后2～3小时或饭前1小时。如果吃了肠类熟制食品，再吃一些橘子、柠檬则有益处，因为熟食制品中有些含有亚硝酸钠作防腐剂，而橘子等含有丰富的维生素C，可有效抑制亚硝酸钠的合成，有利健康。

饭后洗澡、刷牙、松裤带=消化不良。饭后洗澡，体表血流量就会增加，胃肠道的血流量便会相应减少，从而使肠胃的消化功能减弱，引起消化不良。有些人很喜欢饭后刷牙，但立即刷牙的话，会使松弛的牙釉质受损。另外，松裤带虽然让肚子舒服了，却会造成腹腔内压的下降，逼迫胃部下垂，致使消化器官和韧带的负荷增大，促使胃肠蠕动加剧，容易发生肠扭转、肠梗阻，以及胃下垂等。

饭后唱卡拉OK=胃肠不适。虽然"饭后百步走"有道理，但对于老年人，最好还是不要运动，因为饭后半小时内，胃因接纳了食物而变得十分沉重。此时增加运动会使胃饱受"动荡"之苦，使消化功能受到影响；饭后立即散步对患有冠心病、心肌梗死的老人可导致头昏、乏力、眩晕、肢体麻木；对患有消化道溃疡的病人则会加重病情。饭后宜静坐30分钟再活动。对于年轻人，最好不要饱食之后唱歌，俗话说"饱吹饿唱"，因为饱食后唱歌会使膈膜下移，腹腔压力增大，轻则引起消化不良，重则引发胃肠不适等其他病症。

饭后立刻就睡觉=发胖。刚吃了饭，胃内充满食物，消化功能正处于运动状态，这时睡觉会影响胃的消化，不利于食物的吸收。同时，饭后脑部供血不足，如果饭后立即上床，很容易因大脑局部供血不足而导致中风。另外，入睡后，人体新陈代谢率降低，易使摄入食物中所含热量转变为脂肪而使人发胖。

女性贫血的五大营养误区

血液是女性美容最重要的物质基础，现代女性追求内外兼美，更应该注重补血。但是，许多女性对于如何营养补血不太了解，很容易走入补血误区，陷入缺铁性贫血。

误区1 蔬菜水果无益补铁

许多人不晓得多吃蔬菜和水果对补铁也是有好处的。这是因为蔬菜水果中富含维生素C、柠檬酸及其他有机酸，这类有机酸可与铁形成络合物，从而增加铁在肠道内的溶解度，有利于铁的吸收。

误区2 多吃肉对身体不好

一些女性受一般广告中宣传的肉食损害健康的误导，只注重植物性食品的保健功效，导致富含铁元素的动物性食品摄入过少。实际上，动物性食物不仅含铁丰富，其吸收率也高，可达25%。而植物性食物中的铁元素受食物中所含的植酸盐、草酸盐等的干扰，吸收率很低，约为3%。因此，忌肉容易引起缺铁性贫血，在平日饮食中，蔬果与肉类的摄取应均衡。

误区3 蛋、奶对贫血者多补益

牛奶够营养，但是含铁量很低，人体吸收率只有10%。例如用牛奶喂养的婴幼儿，如果父母忽视添加辅食，常会引起缺铁性贫血。

蛋黄补铁效果并不好，蛋黄含铁量虽较高，但其铁的吸收率仅为3%，并非补铁佳品。鸡蛋中的某些蛋白质，会抑制身体吸收铁质。因此，这两种父母常给孩子吃的食品，虽营养丰富，但要依赖它们来补充铁质则不足取。然而，动物肝脏不仅含铁量高且吸收率达30%以上，适合补铁用途。

误区4 贫血好转得停服铁剂

贫血者根据医生指示，服用铁剂，看到贫血情况改善或稳定后，即停止服用，这也是错误的做法。这会造成贫血情况再次出现的。正确的方法是服用铁剂治疗缺铁性贫血，直到贫血症稳定后，再继续服用铁剂6~8周，以补充体内的储存铁。

误区5 咖啡与茶多喝无妨

对女性来说，过量嗜饮咖啡或茶，可能导致缺铁性贫血。这是因为茶叶中的鞣酸和咖啡中的多酚类物质，可与铁形成难以溶解的盐类，抑制铁质吸收。因此，女性饮用咖啡和茶应该适可而止，一天一两杯足矣。

不孕女性要反思不良饮食习惯

研究表明，女性不孕和饮食存在着莫大的关系。营养不良会影响女性的排卵规律，长期不均衡的饮食会使女性受孕力降低，可能导致不孕的发生。

1. 蛋白质摄入过多。摄入过多富含蛋白质的食物，会影响女性受孕的成功率。研究发现，如果饮食中的高蛋白食物（主要包括肉、蛋、奶、豆等）含量超过25%，就会干扰胚胎发育初期的正常基因印记，影响胚胎着床和胎儿发育，导致流产概率增加。

2. 过度节食。如果女性过度节食，机体营养不足，会使卵子的活力下降，或月经不正常，导致难以受孕。而且，孕前营养不足还会影响孕初刚形成的胚胎发育，孕初正是心、肝、肾等重要器官的分化时期，脑也在快速发育，胎儿必须从母体获得各种充足的营养，而这些营养需要母体在孕前就进行储备，否则胎儿的早期发育会受到影响，如低体重儿概率增加或发育畸形；另外，孕前营养不足还会影响乳房发育，造成产后泌乳不足，影响母乳喂养。

3. 喝酒、咖啡。众所周知，酒的主要成分是乙醇，乙醇能使身体里的儿茶酚胺浓度增高，可导致女性月经不调、卵子生成变异、无性欲或停止排卵等。此外，咖啡对受孕有直接影响。经调查表明，每天喝一杯咖啡以上的女性，怀孕的可能性只是不喝此种饮料者的1/2。因此，女性如果打算怀孕，就应该少饮咖啡。

4. 常吃熟食。很多熟食味道鲜美，主要就是因为在制作过程中使用了很多添加剂，如固化剂、抗结剂、染色剂等含铝添加剂。对生育期的年轻男性来说，体内铝超标，会导致成熟精子的数量和品质都下降。对生育期女性来讲，铝元素超标则会导致胎儿发育异常。

5. 常吃冷饮。冰淇淋、雪糕、冰镇饮料是很多年轻人的最爱，经常吃这些食品容易使胃着凉，造成盆腔瘀血，进而影响月经周期。

6. 常食胡萝卜。胡萝卜含有丰富的胡萝卜素、多种维生素以及对人体有益的其他营养成分。但妇女过多吃胡萝卜后，摄入的大量胡萝卜素会引起闭经和抑制卵巢的正常排卵功能。因此，欲生育的妇女不宜多吃胡萝卜。

此外，女性可多吃富含钙、镁的食物，通过饮食改变人体内的酸碱度，创造一个适宜于精子的环境。专家建议，女性最好将体重控制在标准体重±10%的范围之内。

糖对人体的危害与烟酒相当

全球权威科研期刊《自然》（*Nature*）于2012年2月发表了一篇《砂糖的毒性真相》论文。研究者通过动物实验证明，糖会让人上瘾："糖瘾是双重作用。一方面，糖分影响体内激素，使大脑无法发出饱腹的信号，越吃越上瘾，肚子饱了还想继续吃；另一方面，糖对体内激素的影响还表现在会使大脑不间断发出要摄入糖分的信号，就像烟瘾一样，吃糖的人会越来越爱吃糖。" 研究者统计，过去50年内，全球糖消费量激增3倍，糖摄入过多造成的肥胖症、糖尿病、心脏病和肝病等疾病在全球高发，每年间接导致全球约3500万人死亡。论文作者之一、加利福尼亚大学旧金山分校的儿科内分泌学家Robert H. Lustig教授说："糖的危害远在脂肪和卡路里之上。"

糖的危害与烟酒相当

Robert说："糖是多数现代慢性病的'主犯'，却至今拥有无害的公众形象，真是不可思议。糖对人类的影响不仅是产生'空热量'，即含有高热量却缺乏基本的维生素、矿物质和蛋白质等营养，导致发胖，糖分还会干扰人体内的激素，向大脑发送'继续摄入'的信号，使人上瘾，还会引发代谢综合征，导致多种疾病。"

论文的另一位主要撰写人、加利福尼亚大学社会医学教授Laura Schmidt认为大家需要知道以下几点：

第一，这颗星球上死于心脏病、中风、癌症、糖尿病等慢性疾病的人，已经远远超过了其他疾病。无论是在发达国家还是发展中国家，现在更多的人是死于"富贵病"而非疟疾、霍乱等"贫穷病"。而导致这些"富贵病"的元凶除了我们熟知的烟酒外，就是含有大量糖分的饮料及垃圾食品。

第二，大多数人都误解了糖为何会引起慢性疾病，真正"致命"的并不是由"空热量"导致的肥胖间接引发，而是糖的毒性作用引发的代谢综合征——糖在肝脏中代谢，肝脏会将糖转化为脂肪，提高甘油三酯水平，造成胰岛素抵抗，从而导致代谢综合征干扰代谢，使血压升高并可能损害肝脏，此外还将提高心脏病发生率和中风概率等，引发多种疾病。

第三，摄入过多酒精会引起诸如高血压和脂肪肝等健康危害，摄入糖分也有同样的效果。半信半疑？其实酒精就是发酵过的糖，你以为伏特加是从哪里来的？区别不过是葡萄酒来自葡萄糖，威士忌、啤酒来自麦芽糖罢了。

第四，众所周知，糖会引起肥胖，但是它是如何使人变胖的呢？并不仅仅是高热量，对于孩子来说，过量的糖分还会抑制其体内生成"饱腹感"的激素，即使已经吃过量，他们也仍会觉得饿，间接导致吃太多而长胖。

美国拟发"控糖令"，英国开征"肥胖税"

鉴于多数国家对于糖这种影响健康的物质缺乏管理，糖被添加在大量的零食、饮料等食物中。Robert教授向政府提出建议："政府应参考烟酒采取干预手段，如对含糖食品征税、实施年龄限制（17岁以下限制售卖）、在学校周围禁止销售等。"Robert在报告中甚至分析了糖分饮料引发的慢性疾病对国家医疗支出带来的沉重负担。他呼吁这样的管制应该在全球范围内推行。

为控制糖摄入，部分国家的政府已经作出努力。据美国《时代》周刊2012年报道，参考其他国家，法国、希腊和丹麦已有软饮料税，美国目前也有至少20个州市的议会正在考虑该项税收提案，事实上费城已经差不多要通过一个向每盎司饮料征收2美分税收的提案了。

英国是糖分摄入量最高的西方国家之一。据英国癌症研究会2016年年初发布的一份报告指出，如果按目前的趋势增长，到2035年，英国将近四分之三的成年人都会存在超重或肥胖问题。为了向肥胖宣战，为了"拯救下一代"，财政大臣奥斯本于2016年3月16日宣布，英国要将对生产含糖饮料的企业征税。对含糖饮料征税这一税种也被媒体称为"肥胖税"，过度饮用含糖饮料会引发某些疾病。这一税种将在2018年4月开始征税，预计开征第一年，英国政府将收获7.36亿美元的税款，约合人民币47.6亿元。这一税收将用于支持学校开展更多的体育运动。

糖为什么会蛀坏牙齿

砂糖对人体的坏处远远大于好处，这并不是一个新观点。早在1995年，世界卫生组织就呼吁"全球戒糖"。除了《砂糖的毒性真相》所说的危害外，大家知道最多的是其对牙齿的损坏。浙江大学医学院第一附属医院口腔科副主任医师汪国华说，所有糖里面，蔗糖也就是常说的白砂糖最容易引起龋齿，其次是葡萄糖、乳糖，木糖醇对牙齿的损害不大。蔗糖引起龋齿的原因是，导致龋齿的细菌对蔗糖的利用率最高，遇到蔗糖产生乳酸，在一定的pH中（5.5最适宜）牙齿脱钙，表面腐蚀形成牙洞，牙齿就被蛀掉了。

汪国华说，确切来说，吃一颗糖并不会蛀掉一颗牙齿，而是糖分长时间停留在牙齿表面，又不按时刷牙造成的结果。"要想吃糖，不长蛀牙，每天早晚两次刷牙是必须的。"因为，牙齿表面大约每隔12个小时形成一道保护膜，有修复和抵抗细菌的作用，如果牙齿上有糖分，保护膜把糖分形成的酸性物质包覆在里面，坏的东西就会在里面侵蚀牙齿了。一天一天，牙齿形成一层层保护膜，有糖分的地方形成菌斑，时间一长就蛀掉了。

高糖饮食对眼睛的危害

医学界还指出，高糖饮食是近视的相关危险因素，与长时间近距离用眼、缺乏户外运动、缺乏母乳喂养等因素并列。浙江大学医学院附属第二医院眼科医师倪海龙说，危险因素是通过大规模流行病学调查、对照组分析得出的结果，说明摄入糖分较多的人得近视的比例较高。当然了，"高糖饮食"并不一定会引起近视。

糖会让人看上去更老

浙江大学医学院附属第二医院皮肤科主任医师吕中法在门诊中经常和病人说的一句话是"少吃油的、甜的、辣的东西"。有大量研究证明，经常吃甜食，皮肤会比较油、容易长青春痘、得脂溢性皮炎、产生头皮屑。"一旦病人有上面几种病，我就会建议他们控制饮食，不要吃甜的东西。经常长痘痘、出油，皮肤就会毛孔粗大，看起来比较老态"吕医师说。还有，得了脂溢性脱发的病人，也要少吃糖。头发油腻腻的，一天不洗就不行的人，更不要吃糖，以防止脱发越来越严重。另有研究认为，糖可能与蛋白质结合，形成的结合物会沉积在皮肤下，形成色斑，从而使人看上去更老。

每天摄入不超过一听可乐的含糖量

几乎所有甜味食品中，都含有大量用白糖或糖浆做成的甜味剂。所以，对喜欢吃甜点、饼干、零食、喝饮料的孩子和年轻女性来说，每天摄入100克以上的白糖是一件很普遍的事情。按照世界卫生组织的建议，每日摄入白糖总量为30～40克，即不要超过每日摄入总碳水化合物的10%。30～40克的白糖是什么概念呢？在人们常吃的甜食中，一大勺果酱约含糖15克、一罐335毫升的可乐约含糖37克、3小块巧克力约含糖9克、1只蛋卷冰淇淋约含糖10克、几块饼干约含糖10克……如果不注意的话，30～40克糖的数量限制非常容易突破。

怎么看食品里面含有多少糖

浙江省疾病预防控制中心营养与食品卫生监测所章荣华所长说，从2008年起，卫生部启用《食品营养标签管理规范》，要求食品的包装袋后面标出能量、蛋白质、脂肪、碳水化合物和钠五个指标。糖并没有明确标注出来，"大家可以留意碳水化合物这一栏，糖包含在碳水化合物里面。"章所长说，营养标签里面注明，100克该食物含有多少碳水化合物，占人体一天所需要的百分之几，如果标为50%，就是说吃了这个东西，已经摄入一天需要量50%的碳水化合物。虽然无法直接看到食品中的糖含量，但是从碳水化合物的含量上，可以大概估计糖的含量。差不多也就是50%所需的糖量。

红糖、果糖是否同样对人体有伤害

红糖和白砂糖本质上是一样的，红糖是蔗糖刚刚提炼出来，经过简易处理浓缩形成的带蜜糖。红糖几乎保留了蔗汁中的全部成分，含有维生素和微量元素，如铁、锌、锰、铬等，营养成分比白砂糖高很多。还有，日本现在流行一种"黑糖"，这种糖和红糖差不多，只是加工方法不同。黑糖的熬煮时间较长，糖浆浓缩后做出来的糖砖呈近黑色。白砂糖、红糖、黑糖是因为精制程序和脱色工艺不同而颜色不同，精制的程度越高，颜色越白、纯度越高，但是甜度却不会因为精制程度高而增加。也就是说，相同质量的白砂糖、红糖、黑糖对人体的影响是一样的。

无糖食物是否更健康

无糖食物和有糖食物的概念首先要分清楚，国际对于"无糖食品"的定义是，不能加入蔗糖和来自于淀粉水解物的糖，包括葡萄糖、麦芽糖、果糖等，但是必须含有相应于糖的替代物，一般采用糖醇或低聚糖等不升高血糖的能替代蔗糖的甜味剂品种。目前，我们国内营养学界可以确定的是，无糖食物，采用糖醇和低聚糖等甜味剂的食物，对牙齿和糖尿病病人有确切的好处，能减少龋齿和摄入过多糖分的危险。但是，我国有些食品说是无糖食物，却因用糖醇和低聚糖的甜味剂成本比较高，而改用安塞蜜、甜蜜素、糖精等高效甜味剂来产生甜味。这些甜味剂只要几克就能达到食品应有的甜味，商家为了凑足食品体积，又加入其他成分，增加了食品安全风险。

食物中毒时的正确急救处理措施

食物中毒是由吃了被污染的食物而引起的。家中一旦有人中毒，应及时采取正确急救处理措施。首先要催吐，用人工刺激法，可用手指或钝物刺激中毒者咽弓及咽后壁，引起呕吐，减少毒素吸收，减轻中毒症状。同时注意避免因呕吐误吸而发生窒息。其次，在有条件的情况下，以5%碳酸氢钠溶液或清水彻底洗胃，清除残存在胃内的有毒物质。同时，妥善处理可疑食物，对可疑有毒的食物，禁止再食用，收集呕吐物、排泄物及血尿送到医院做毒物分析。轻症中毒者应饮淡盐水、米汤等。重症中毒者要禁食8～12小时，应尽早就医，可静脉输液，待病情好转后，再进食米汤、稀粥、面条等易消化食物。

鲜艳食物易致小儿慢性中毒

食品的彩衣是由色素制成的，色素分为天然色素和人工合成色素两类。天然色素是从动、植物中提取的安全、理想的食用色素，但其来源较少，价格又高，使用并不广泛。人工合成色素则是从煤焦油中提炼出来的，种类多，色泽鲜艳，成本低廉，着色力强，因而被广泛使用。人工合成色素在合成过程中，可能会混入砷、汞等有害物质，从而对人体健康尤其是儿童健康有不同程度的损害，主要表现在以下几个方面。

引起代谢紊乱 长期食入着色食品，能消耗体内解毒物质，主要是使体内亚细胞结构受到损害，干扰多种活性酶的正常功能，使糖、脂肪、蛋白质、维生素和激素等的代谢过程受到影响，从而导致腹泻、腹胀、腹痛、营养不良和多种过敏症，如皮疹、荨麻疹、哮喘、鼻炎等。

导致慢性中毒　儿童正处在生长发育阶段，肝脏的解毒功能和肾脏的排泄功能都不够健全，较成人弱。因此，如果长期食入着色食品，就会把色素慢慢积蓄起来，导致慢性中毒，影响儿童健康成长。

影响神经功能　研究发现，不少孩子平时任性，脾气暴躁，常出现过激行为，除了社会因素和家庭管教因素外，过量食用染色食品也是一个不容忽视的因素。儿童正处于生长发育期，体内器官功能脆弱，神经系统发育尚不健全，对化学物质尤为敏感，若过多过久地进食色素浓的食品，会影响儿童神经系统的冲动传导，以致容易引起好动、情绪不稳定、注意力不集中、自制力差、行为怪癖、食欲减退等症状。

因此，家长在给孩子选购食品时，要注意彩色食品的摄入量，切勿过多、过久，以免引起色素的体内蓄积中毒，影响儿童生长发育。

死螃蟹不能吃　吃蒸煮的螃蟹最安全

秋季，菊香蟹肥，正是人们品尝螃蟹的最好时节。螃蟹，肉质细嫩，味道鲜美，为名贵水产品。螃蟹的营养也十分丰富，蛋白质的含量比猪肉、鱼肉都要高出几倍，钙、磷和维生素A的含量也较高。秋蟹味美、营养价值高，但如果吃得不当可能会带来健康损害。

挑选：离水时吐泡的是活蟹

当螃蟹垂死或已死时，蟹体内的组氨酸会分解产生组胺。组胺为一种有毒的物质。随着死亡时间的延长，蟹体内积累的组胺越来越多，毒气越来越大，即使蟹煮熟了，这种毒素也不易被破坏。所以，买蟹一定要选择活的。挑选时手指轻按蟹眼边的壳面，如蟹眼即动，则够生猛；将手指放于蟹爪间，如蟹爪有力，表示蟹够强健；离开水的蟹吐出泡沫，是活蟹，可放心购买。要分辨蟹的雌雄很容易，蟹肚呈三角形的为雄，呈圆形的为雌。但真正的内行看腿就能认出，雌蟹两螯上有灰黑的一团绒毛，但仅有此毛而已，余腿光洁；而公的八只腿上还有排列如刷的细毛。

烹饪：清蒸能保持原味

烹饪螃蟹之前，必须先用水泡一会，然后用刷子（可以用旧牙刷）把螃蟹的肚、背、足上的泥沙刷掉。家庭食用螃蟹，为了避免八脚脱落、蟹黄流失，最好采用清蒸来保持原味。大闸蟹在清蒸之前，可以先将蟹烫死，等水大开时加上姜和黄酒，然后把还绑着绳子的蟹放入锅中烫2分钟。烫蟹是为了去除蟹的土腥味，以及使蟹表面的蛋白质凝固，包住蟹黄以免浪费。需要注意的是，烫蟹时不宜一次放入太多蟹，才能保证烫蟹的水温。最后一个步骤就是在蒸笼中蒸蟹，蒸时需要把蟹肚朝上，蟹背朝下。

吃蒸煮的蟹最安全

螃蟹生长在江河湖泊里，又喜食小生物、水草及腐烂动物，蟹的体表、鳃部和胃肠道均沾满了细菌、病毒等致病微生物。如果是生吃、腌吃或醉吃螃蟹，可能会感染一种名为肺吸虫病的慢性寄生虫病。

研究发现，活蟹体内的肺吸虫幼虫囊蚴感染率和感染度是很高的。肺吸虫寄生在人体肺里，刺激或破坏肺组织，能引起咳嗽，甚至咯血，如果侵入脑部，则会引起瘫痪。据专家考证，把螃蟹稍加热后就吃，肺吸虫感染率为20%。吃腌蟹和醉蟹，肺吸虫感染率高达55%。而生吃蟹，肺吸虫感染率高达71%。肺吸虫囊蚴的抵抗力很强，一般要在55℃的水中泡30分钟或20%盐水中腌48小时才能杀死。生吃螃蟹，还可能引发肠道发炎、水肿及充血等症状。

所以，吃蒸煮的螃蟹是最安全的。蒸煮螃蟹时要注意，在水开后至少还要再煮20分钟，煮熟、煮透才可能把蟹肉内的病菌杀死。有一点也是很重要的，吃蟹时必须除尽蟹鳃、蟹心、蟹胃、蟹肠四样物质，因为其中含有细菌、病毒、污泥等。

粉丝吃多会增加痴呆风险

爱吃粉丝的人不少，涮火锅、拌凉菜、做汤，都少不了粉丝，不过，凡事过犹不及，大量食用粉丝可能会存在摄入铝过多的风险。因为传统的粉丝加工工艺中需要添加0.5%的明矾（硫酸铝），以增加粉丝的韧性。有研究表明，过多地摄入硫酸铝会对中枢神经系统造成慢性损伤，剂量过大则可能使人患阿尔茨海默症（老年痴呆）的风险增加。此外，过量的硫酸铝可能也会增加患心脏病和心脑血管疾病的概率。

世界卫生组织早在1989年就正式将铝定为食品污染物并要求严加控制，我国有关食品添加剂的规定中，明确规定"按生产需要适量使用"明矾，明矾残留物应该小于等于100毫克/千克，因此，吃粉丝不过量一般对身体无害，有研究称，一次吃50克为宜。

需要提醒的是，有些特殊人群更应该控制好吃粉丝的量。儿童的神经系统正处于发育时期，就更要少吃。过量的明矾对胎儿的神经系统发育也可能造成影响，因此，孕妇要少吃。此外，由于粉丝主要成分是淀粉，糖含量较高，比粮食更容易被人体吸收，所以糖尿病人最好也少吃。

普通人吃粉丝要注意两点：一是不要和油条一起吃，很多人边吃油条边喝粉丝汤的习惯就很不好。油条在油炸过程中，也会使用一点明矾，再与粉丝一起吃，会使铝的摄入量累加。二是吃粉丝时要配着蔬菜和粗粮一起吃，蔬菜和粗粮中的纤维会起到干扰铝吸收的作用。

 有些蔬菜凉拌吃会中毒

大家都知道蔬菜所含的营养素，如维生素C及B族维生素，易被烹调破坏，而生吃有利于这些营养成分的保存。但由于蔬菜品种的关系，有些蔬菜最好放在开水里焯一焯再吃，有些蔬菜则必须煮得熟透后再食用。

适宜生吃的蔬菜

胡萝卜、白萝卜、水萝卜、番茄、黄瓜、柿子椒、大白菜心、紫包菜等。生吃时最好选择无公害的绿色蔬菜或有机蔬菜。生吃的方法包括自制蔬菜汁，将新鲜蔬菜适当加点醋、盐、橄榄油等凉拌，切块蘸酱食用等。

需要焯一下的蔬菜

十字花科蔬菜，如西兰花、菜花等焯过后口感更好，它们含有丰富的纤维素也更容易消化；菠菜、竹笋、茭白等含草酸较多的蔬菜也最好焯一下，因为草酸在肠道内与钙结合成难吸收的草酸钙，干扰人体对钙的吸收；大头菜等芥菜类的蔬菜含有硫代葡萄糖苷，经水焯一下，水解后生成挥发性芥子油，味道更好，且能促进消化吸收；马齿苋等野菜焯一下能彻底去除尘土和小虫，还能防止过敏。而莴苣、荸荠等生吃之前也最好先削皮、洗净，用开水烫一下再吃。

煮熟才能吃的蔬菜

1. 含淀粉的蔬菜，如马铃薯、芋头、山药等必须熟吃，否则其中的淀粉粒不破裂，人体无法消化。

2. 含有大量的皂苷和血球凝集素的扁豆和四季豆，一定要熟透变色才能食用。

3. 豆芽一定要煮熟吃，无论是凉拌还是烹炒。

4. 鲜黄花菜、鲜木耳不能吃。鲜木耳和鲜黄花菜含有毒素千万别吃！吃干木耳时，烹调前宜用温水泡发，泡发后仍然紧缩在一起的部分不要吃；干黄花菜用冷水发制较好。

生熟搭配最有益

蔬菜生吃和熟吃互相搭配，对身体更有益处。如萝卜种类繁多，生吃以汁多、辣味少者为好，但其属于凉性食物，阴虚体质者还是熟吃为宜。有些食物生吃或熟吃摄取的营养成分是不同的。比如，番茄中含有能降低患前列腺癌和肝癌风险的番茄红素，要想摄取就应该熟吃。但如果你想摄取维生素C，生吃的效果会更好，因为维生素C在烹调过程中易流失。

第七篇

食品安全事件怎么看

 福喜使用过期劣质肉事件

事件回放

2014年7月20日，据上海广播电视台电视新闻中心官方微博报道，上海电视新闻记者卧底多月，调查麦当劳、肯德基等快餐供应商上海福喜食品公司，发现了让人触目惊心的过期劣质肉是如何有组织地流向麦当劳、肯德基、必胜客的，7月20日晚节目播出后，上海食品药品监督管理局（以下简称"食药监局"）连夜出击，要求上海所有肯德基、麦当劳问题产品全部下架。

2014年7月22日，在食药监局和公安调查组的约谈中，福喜公司相关责任人承认，对于过期原料的使用，公司多年来的政策一贯如此，且"问题操作"由高层指使。随着调查深入，福喜事件又生出了新的疑点，根据上海电视台记者暗访获得的线索，上海福喜食品有限公司在厂区之外还有一个神秘的仓库，专门把别的品牌的产品搬到仓库里，再换上福喜自己的包装。

2014年7月28日，福喜全球主席兼首席执行官谢尔顿·拉文向上海市食药监局报告福喜总部对福喜事件采取的整改措施，表示公司将严格遵守中国法律，配合调查，全面承担责任。

2014年7月30日，上海市食药监局再度约谈福喜集团具体负责中国投资运营的主要负责人、福喜全球高级副总裁兼亚太区总经理等，责成福喜总部配合监管部门深入调查，主动配合有关部门推进案件查办工作。

2014年7月30日，汉堡王美国宣布，该公司全面停止向美国福喜集团中国子公司的采购。

【处理结果】

上海市食药监局初步调查表明，上海福喜食品有限公司涉嫌有组织实施违法生产经营食品行为，查实了5批次问题产品，涉及麦乐鸡、迷你小牛排、烟熏风味肉饼、猪肉饼，共5108箱。上海市食药监局和市公安局等部门初步调查表明，上海福喜涉嫌实施有组织违法生产经营行为。上海市食药监局局长闫祖强代表国家食品药品监督管理总局再次约谈福喜工厂中国区的负责人。福喜公司被要求3天内给出一份详细的书面报告。

上海公安局介入调查后，对22家下游食品流通和快餐连锁企业进行紧急约谈，麦当劳、必胜客、汉堡王、德克士等连锁企业，以及上海真心食品销售有限公司普陀分公司等九家企业封存了福喜公司产品约100吨。麦当劳、必胜客、汉堡王、棒约翰、德克士、7-11等连锁企业及中外运普菲斯冷冻仓储有限公司、上海昌优食品销售有限公司、上海真兴食品销售有限公司普陀分公司等11家企业使用了福喜公司的产品。

2014年7月24日，上海市公安局已依法对上海福喜食品有限公司负责人、质量经理等6名涉案人员予以刑事拘留。上海市公安局和食药监局表示，对危害食品安全的违法行为要一查到底，依法严惩涉案单位和责任人。截至2014年7月23日，共出动执法监察人员875人次，共检查食品生产经营企业581户，对经营、使用福喜公司产品的企业的问题食品，均采取下架、封存等控制措施。

2014年7月26日，福喜母公司OSI集团在官网宣布，必须从市场中收回上海福喜所生产的所有产品。

【福喜问题肉事件后在华改名欧喜　自曝年损失超60亿】

欧喜集团，就是2014年被媒体曝光回收"问题肉"的福喜集团。被曝违规回收、加工变质肉类后，福喜集团在近一年的时间里遭遇毁灭性打击。河南福喜工厂停产近一年的时间。工厂停产、订单归零、部分员工辞职，直接经济损失超60亿元。业内人士认为，目前国内生鲜市场竞争激烈，有食品安全污点背景的企业进军生鲜市场将难上加难。

"广琪事件"给杭州面包企业造成不良影响

事件回放

在2014年中央电视台"315晚会"曝光的名单中，杭州广琪贸易有限公司将过期面粉贴上的生产日期进行篡改后，再将此销售给杭州面包新语、浮力森林、可莎蜜儿、九月生活等8家杭州烘焙企业。

3月15日17时，按照国家食品药品监管总局的部署，浙江省食品药品监督管理局会同浙江省公安厅联合行动，一举破获广琪生产销售过期假冒伪劣食品案。下午18时左右，在杭州广琪的仓库中查获大量的过期食品等制假原料、账本及相关设备，现场抓获7名涉案人员。

16日凌晨1点左右，广琪贸易有限公司法人代表吴雷被控制，接受调查。

16日16时，杭州市工商系统检查相关经营单位百余家，共查封800余箱原料，暂扣20多箱，并关闭广琪贸易公司在阿里巴巴的电子交易网站，对发行的抵价券实行统一登记处理。杭州市工商局对报道中提及、现场检查发现以及经营负责人交代的食品原料供货单位、销售单位进行全覆盖的清查，对发现涉嫌使用广琪供应的食品原料生产加工单位，一并做好产品的下架封存工作。只要与"广琪"有关的食材，全部封存；用广琪食材生产的面包，全部下架。

17日，杭州市工商局正式对广琪作出"冻结"处理，停止这家企业的运行。同时，杭州市工商部门对所有食品企业进行逐一清查，彻底清除类似"广琪"的违法企业。

18日，浙江省食品药品监督管理局发布消息称，杭州市质量技术监督局已启动应急响应，对所有食品生产加工企业开展地毯式排查。

19日下午，杭州市场监督管理局紧急约谈了杭州丹比、可莎蜜儿、浮力森林、九月生活等8家杭州知名品牌烘焙企业，要求各涉事企业必须及时处理消费者投诉，尽快为消费者办理退卡退款。这也是杭州市市场监督管理局成立以来首次对外进行企业约谈工作。

调查发现，杭州广琪贸易有限公司负责人吴雷从2012年开始，授意员工李某、万某对过期食品原料及临近保质期限食品原料外包装上的生产日期、保质期进行涂改、伪造，并将上述食品原料重新包装好之后对外进行销售。案发时，执法机关在杭州广琪贸易有限公司的3个仓库内查获的过期食品原料共129个品种，过期食品原料总价为100余万元。

处理结果

杭州市公安局江干分局于2014年3月15日立案侦察，后认为杭州广琪贸易有限公司经营超过保质期的食品原料的行为，已达到《最高人民检察院、公安部关于公安机关管辖的刑事案件立案追诉标准的规定（一）》第十六条生产、销售伪劣产品的追诉标准，以涉嫌生产、销售伪劣产品罪已将吴雷等5人报请同级检察院批准予以逮捕。杭州市工商局江干分局依据《食品安全法》第八十五条第一款第（七）项的规定和《中华人民共和国公司登记管理条例》第七十九条的规定，对杭州广琪贸易有限公司决定吊销当事人食品流通许可证、吊销当事人营业执照。

河北省天洋出口日本"毒饺子"投毒案

2008年2月初，多家日本媒体报道，1月30日，日本兵库县和千叶县的3个家庭、共计10名消费者，在购买并食用了中国河北天洋食品厂生产的饺子后，出现呕吐、腹泻等食物中毒症状。此事件让日本国内对中国产食品产生了不信任危机，日本共同通信社通过电话进行了一项全国民意调查，75.9%的受访者回答今后将不买中国食品，可见事件影响之恶劣。

2010年3月27日，警方经过连续两年坚持不懈的努力，终于侦破并公布了"出口日本毒饺子案"。此次中毒事件是一起投毒案件，犯罪嫌疑人吕月庭（男，36岁，河北省井陉县人，原天洋食品厂临时工）已抓捕归案。

隶属于河北省食品进出口集团公司的天洋食品厂，是一家有着30多年历史的国有企业，也是该集团26个企业中效益最好的一个，它推出的产品包括冻肉串、蔬菜卷、冻肉馅、速冻水饺等冷冻食品，全部出口日本。

该厂在日本农林水产省曾有注册，注册资本为9700万元人民币，工人800余名，其中正式职工121人。根据订单的多寡，天洋食品厂每年都要从周围几个村子临时招聘一些工人，而这些工人的数量甚至占到了全部工人总数的绝大部分。

天洋食品厂的饺子是经过日本烟草株式会社JT出口到日本的。能获得这家JT公司的信任，对天洋食品厂来说，并非易事，而天洋食品厂的卫生指标和原料来源，被认为受到来自JT的直接指导。2001年和2005年，天洋饺子先后两次通过日本农林水产省的现场复查，被认为符合日本法律规定的卫生要求。然而，一起突如其来的食品中毒事件摧毁了双方凭借多年合作而建立的互信。

真相到底如何？这起食品中毒事件引起了中国政府的高度重视，国家质量监督检验检疫总局和公安部联合成立调查组，1月31日，调查组急赴石家庄，对已被勒令停产的天洋食品厂进行了全面调查。两年后，案情水落石出，"毒饺子"系天洋食品厂临时工吕月庭故意投毒。

出生于1974年的吕月庭，是河北省井陉县人，农业户口，1993年来到天洋食品厂打工。当时，他的身份是"临时工"。从1993年4月至2009年10月，也即从19岁至36岁，吕月庭将自己超过16年的青春时光与这家国有工厂建立了紧密关系。

依据专案组调查结果，由于吕月庭对该厂给他的工资待遇不满，而且他对个别同事也有怨愤情绪，为报复出气，他利用工作之便潜入该厂冷库，采取用注射器注射甲胺磷农药的方式，向成品饺子投毒。2007年夏天，吕月庭从该厂环卫班那里窃取到了杀虫剂甲胺磷。而这些杀虫剂，在平时是用来给草坪除虫的。窃得农药后，2007年10月1日、10月下旬和12月中旬，吕月庭分三次将甲胺磷注入到保存在冷冻室的速冻饺子中。作案后，他将注射器等工具抛弃在工厂的下水井里。

2010年3月21日，警方按照吕月庭的供述，在天洋食品厂下水井里果然发现了2只注射器。但由于事情过去已两年多，警方未能在注射器上提取到吕月庭的指纹。接近专案组的人士向记者透露，吕月庭从一开始即被列为重点怀疑对象，接受过警方的调查。他与该厂冷冻室总计589名员工一道，被集中问询过多次，但最初没有发现决定性供述和物证。警方的突破性进展是从2010

年3月16日的一次审讯开始的，而此次审讯前，警方已经获知，吕月庭曾向他的妻子和亲戚承认在饺子中投毒的事实。

吕月庭和他的妻子都曾是天洋食品厂临时工，而该厂的临时工与正式工在工资待遇上存在很大差距。效力了这么多年却只能拿到这么低的工资，吕月庭十分不满，他也曾试图向他的领导反映情况，但没有结果。导火索来自他妻子的遭遇。2005年，因妻子休产假而未能全勤，单位没有将一年的奖金发给她。此事加剧了吕月庭对工厂的怨恨，谋划许久后，他决定在饺子里投毒以报复。吕月庭没想到自己对厂方的报复会让日本消费者中毒，"现在非常后悔"。此外，投毒动作是吕月庭一个人完成的，而且他的投毒作案并非一起——2008年6月，在河北省承德市发生的4个中国人中毒的事件，也出自吕月庭之手。

日本共同通信社报道说，27日凌晨，中国政府透过外交管道，向日本政府通报逮捕毒饺事件嫌犯，日方非常高兴。报道说，事发两年，许多迹证都难以查明；中国警方克服种种困难，终于侦破，日本政府向中方表示敬意，中国解决了这起让日本相当在意的食品安全事件，或许会对中日外交关系带来正面积极影响。

双氧水泡鸡爪案

事件回放

2014年7月，许某租用了厂房，成立海口某食品加工厂，雇佣了几个工人，开始从事冷冻鸡爪加工。他从海南某冷冻食品厂购进冷冻鸡爪，解冻后，经过浸泡、油炸、再浸泡等工序，最后销售到海口大型农贸市场。他的工厂整天大门紧闭，而工人只在半夜上班等"诡异"的情况引起外人怀疑，被市民举报。2014年12月5日晚上11时许，海南省食品药品监督管理局、省公安厅等部门在该工厂查获了已加工好的鸡爪近700斤，还有1500多斤的正在加工及待加工的鸡爪，执法人员更在现场发现了3桶被撕了标签的疑似"双氧水"的液体。快检结果显示，双氧水就是用来浸泡鸡爪的。根据许某交代，"炸出来的鸡爪黑乎乎的是没人买的"，为了让鸡爪卖相好，"必须要泡，把它泡大，泡了之后体积变大，口感变脆"。就这样，许某的"毒鸡爪"出炉，被他销售到海口农贸市场，上了市民的餐桌。经统计，许某生产销售并记录在记录本上的鸡爪数量为31611.4斤。

处理结果

海口秀英法院认为，《食品添加剂使用标准》规定食品生产者可以使用过氧化氢作为加工助剂，生产者就应严格按照制度规定，选择供应商应有资质，产品有合格证明，可食用、符合食用标准的过氧化氢作为加工助剂。但被告人明知工业上应用的过氧化氢不符合食用标准，可能危害人体健康，仍执意从化工商店购买工业级过氧化氢作为加工助剂在油炸鸡爪的生产过程中使用。其购买使用的过氧化氢经鉴定，确实不符合过氧化氢的食用标准。被告人的行为构成生产、销售有毒、有害食品罪。根据许某的供述、其母亲及个体商贩的陈述，许某销售的鸡爪价格为8元左右，许某在食品加工、销售过程中，使用有毒、有害的非食品原料加工食品，销售金额252891.20元，情节严重，法院判处其有期徒刑5年6个月，并处罚金2万元。

海南省食品药品监督管理局表示，该案件的线索来自群众投诉举报，举报人将获得6万元奖励。根据《海南省食品药品安全有奖举报实施办法(试行)》，合并食品安全和药品安全的举报奖励，将最高奖励标准统一为50万元。特别是对被举报者被追究刑事责任的情形予以重奖。

蔬菜喷禁用农药案

事件回放

方某2006年起在浙江温岭新河镇山园村租了十几亩地，种植蔬菜，蔬菜销往批发市场或超市等地。从2015年9月开始，方某种了半亩的广州菜心。2015年10月2日，他在长屿街上买了12瓶国家明令禁止在蔬菜、果树、茶叶、中草药材上使用的甲基异柳磷，用于防治广州菜心园地的跳虫。10月4日、8日，方某两次在菜心园地喷洒甲基异柳磷，共用了9瓶多。四五天后，他将这批蔬菜卖给了某超市。

2015年10月9日，温岭市农林局工作人员来到方某的菜园里检测，发现其种植的广州菜心使用了甲基异柳磷农药。随后，这批广州菜心被抽样送往农业部稻米及制品质量监督检验测试中心检验。检验结果为：甲基异柳磷残留量不符合GB 2763—2014《食品中农药最大残留限量》的规定要求，为不合格产品。据专家介绍，甲基异柳磷是一种土壤杀虫剂，对害虫具有较强的触杀和胃毒作用。同时，它能通过食道、呼吸道和皮肤引起中毒。因此，甲基异柳磷只准用于拌种或土壤处理，不能用于防治蔬菜害虫和进行果树叶面喷雾，国家明令禁止在蔬菜、果树、茶叶、中草药材上使用。

2015年12月23日，农林部门将此案移送至警方。第二天，方某被警方传唤到案，并如实供述了其犯罪事实。2016年，温岭法院开庭审理了此案。庭审时，方某对指控事实并无异议，当庭认罪。法院审理后认为，方某在食用农产品种植过程中，使用禁用农药，并予以销售，其行为已构成生产、销售有毒、有害食品罪。最后，方某被判处有期徒刑1年，并处罚金1万元。

法律解读

《中华人民共和国刑法》第一百四十四条规定【生产、销售有毒、有害食品罪】在生产、销售的食品中掺入有毒、有害的非食品原料的，或者销售明知掺有有毒、有害的非食品原料的食品的，处五年以下有期徒刑，并处罚金；对人体健康造成严重危害或者有其他严重情节的，处五年以上十年以下有期徒刑，并处罚金；致人死亡或者有其他特别严重情节的，处十年以上有期徒刑、无期徒刑或者死刑，并处罚金或者没收财产。

"红心"鸭蛋事件

事件回放

2006年央视11月12日《每周质量报告》报道：苏丹红造出"红心"鸭蛋。记者在北京市一家较大的禽蛋交易市场发现，一些摊位打着白洋淀"红心"鸭蛋的招牌招揽顾客。这种"红心"鸭蛋的产品包装上介绍：白洋淀的鸭子捕食小鱼小虾、水虫水草，因此鸭蛋的营养价值远远高于喂饲料的鸭子产的鸭蛋。但记者调查了石家庄市平山县的冶河两岸散布的一些养鸭场发现，鸭子之所以能产下"红心"鸭蛋，关键是在饲料里加了一些"营养素"。当地的养鸭户把这种染红饲料的药称作"红药"。最后记者从养鸭基地取了一些"红药"的样品，送到中国检验检疫科学研究院食品安全研究所做权威的检测分析，证明它是偶氮染料苏丹Ⅳ号。

11月15日，卫生部下发通知，要求各地紧急查处"红心"鸭蛋。北京、广州、河北等地相继停售"红心"鸭蛋。河北省人民政府办公厅下发紧急通知，要求各地统一行动，全面清查有害"红心"鸭蛋，严肃查处相关责任人。河北省集中对平山、井陉两个重点养鸭县进行检查，通过逐户排查，共发现可疑鸭场7个、存栏鸭9000只，查封可疑饲料800千克、可疑鲜鸭蛋510千克、咸鸭蛋79千克。在对安新县68家禽蛋制品加工企业排查过程中，发现有3家企业产品可疑，依法控制与此相关的3名人员。在平山县平山镇一个空旷地段，挖掘机挖出几个又深又大的坑穴。养鸭户用马车拉着一车车鸭子来到这里，在当地畜牧、动物防疫等部门的监督指导下，对存栏的5100多只"问题鸭"全部扑杀、焚烧、消毒、掩埋，封存的310千克"问题鸭蛋"也全部捣毁掩埋。

危害解读

苏丹红是一种人工合成的偶氮类、油溶性的化工染色剂，在我国及多数国家都不属于食用色素。它一般用于溶解剂、机油、汽车蜡和鞋油等产品的染色，不能添加在食品中。动物实验研究表明，"苏丹红Ⅰ号"含有偶氮苯，当偶氮苯被降解后，就会产生一种中等毒性的致癌物苯胺。过量的苯胺被吸入人体，可能会造成组织缺氧，呼吸不畅，引起中枢神经系统、心血管系统受损，甚至导致不孕症。动物实验研究表明，"苏丹红Ⅰ号"可导致老鼠患某些癌症，但并非严重致癌物质。

三鹿奶粉事件

事件回放

2007年12月，石家庄三鹿集团公司陆续接到消费者关于婴幼儿食用三鹿牌奶粉出现疾患的投诉。经企业检验，2008年6月份已发现奶粉中非蛋白氮含量异常，后确定其产品中含有三聚氰胺。8月2日，三鹿集团公司向石家庄市政府做了报告。

在2007年12月至2008年8月2日的8个月中，三鹿集团公司未向石家庄市政府和有关部门报告，也未采取积极补救措施，导致事态进一步扩大。石家庄市政府2008年8月2日接到三鹿集团公司关于三鹿牌奶粉问题的报告后，虽然采取了一些措施，但直至9月9日才向河北省政府报告三鹿牌奶粉问题。调查表明，8月2日至9月8日的38天中，石家庄市委、市政府未就三鹿牌奶粉问题向河北省委、省政府做过任何报告，也未向国务院和国务院有关部门报告，违反了有关重大食品安全事故报告的规定。

9月10日后，胡锦涛总书记、温家宝总理等中央领导同志连续作出指示批示，中央政治局常委会和国务院多次召开会议，对事件处置工作进行研究部署，国务院启动了重大食品安全事故（Ⅰ级）应急响应。各地区和有关部门认真贯彻党中央、国务院决策部署，全力救治患儿，全面清查问题奶粉，深入调查事件原因和责任，并及时向社会公开发布了信息，向世界卫生组织、香港、澳门特别行政区和台湾地区以及有关国家通报了情况。

【处理结果】

党中央国务院对三鹿牌婴幼儿奶粉事件有关责任人员做出严肃处理。根据国家处理奶粉事件领导小组事故调查组调查，三鹿牌婴幼儿奶粉事件是一起重大食品安全事件。依据《国务院关于特大安全事故行政责任追究的规定》《党政领导干部辞职暂行规定》等有关规定，鉴于河北省省委常委、石家庄市委书记吴显国同志对三鹿牌奶粉事件负有领导责任，对事件未及时上报、处置不力负有直接责任，经党中央、国务院批准，免去吴显国同志河北省省委常委、石家庄市委书记职务；鉴于在多家奶制品企业部分产品含有三聚氰胺的事件中，国家质量监督检验检疫总局监管缺失，对此，局长李长江同志负有领导责任，同意接受李长江同志引咎辞去国家质量监督检验检疫总局局长职务的请求。此前，石家庄市委副书记、市长冀纯堂，副市长张发旺和三名局长被免职。

三鹿奶粉案"蛋白粉"制售者张玉军、耿金平被执行死刑。根据最高人民法院执行死刑的命令，石家庄市中级人民法院于2009年11月24日对"三鹿"刑事犯罪案犯张玉军、耿金平执行死刑。此外，在法院宣判的三鹿系列刑事案件中，生产、销售含有三聚氰胺的"蛋白粉"的被告人高俊杰以危险方法危害公共安全罪被判处死缓，被告人张彦章、薛建忠以同样罪名被判处无期徒刑。

其他15名被告人各获2～15年不等的有期徒刑。

　　三鹿集团原董事长田文华被判无期徒刑。2009年1月22日下午，三鹿集团原董事长田文华在以生产、销售伪劣产品罪被提起公诉后，最终判处无期徒刑，剥夺政治权利终身。原三鹿高管王玉良、杭志奇、吴聚生分别被判处有期徒刑15年、8年和5年。

　　惨痛的代价与教训

　　三鹿集团曾经是中国乳制品行业的"带头大哥"，田文华等高管也为三鹿的成长付出了很多心血，做出了不小贡献，获得过不少荣誉称号。然而，这些风光一时的人物现在却被推上被告席，接受法律的审判。2011年4月4日，卫生部等五部联合公告：三聚氰胺不是食品原料，也不是食品添加剂，禁止人为添加到食品中。对于在食品中人为添加三聚氰胺的，依法追究其法律责任。

河南"瘦肉精"案

　　2011年7月25日河南焦作市中级人民法院和沁阳市人民法院分别公开开庭审理了两起涉"瘦肉精"刑事案件，并分别以犯有以危险方法危害公共安全罪、玩忽职守罪依法对8名被告人当庭作出一审判决。其中，主犯刘襄制售"瘦肉精"被依法判处死刑，缓期2年执行，剥夺政治权利终身。同时，沁阳市人民法院以玩忽职守罪，判处3名原沁阳市柏香镇动物防疫检疫中心站工作人员5～6年有期徒刑，其中被告人王二团有期徒刑6年，被告人杨哲有期徒刑5年，判处被告人王利明有期徒刑5年。

　事件回放

　　焦作市中级人民法院审理查明，被告人刘襄、奚中杰明知国家禁止使用盐酸克仑特罗饲养生猪，且使用盐酸克仑特罗饲养的生猪流入市场后会严重影响消费者的身体健康。为攫取暴利，2007年年初，刘襄与奚中杰约定共同投资，研制、生产、销售盐酸克仑特罗用于生猪饲养，其中刘襄负责研制、生产，奚中杰负责销售。

　　被告人肖兵、陈玉伟明知盐酸克仑特罗对人体有害，仍在刘襄研制出盐酸克仑特罗后联系收猪经纪人试用，并向刘襄反馈试用效果好。随后，刘襄大规模生产盐酸克仑特罗，截至2011年3月，共生产2700余千克，非法获利250万余元。奚中杰、肖兵、陈玉伟负责将刘襄生产的盐酸克仑特罗销售。刘襄之妻被告人刘鸿林明知盐酸克仑特罗的危害性，仍协助刘襄进行研制、生产、销售等活动。5名被告人生产、销售的盐酸克仑特罗经过多层销售，最终销至河南、山东等地的生猪养殖户，致使大量使用盐酸克仑特罗勾兑饲料饲养的生猪流入市场。

沁阳市人民法院审理查明，被告人王二团、杨哲、王利明作为沁阳市柏香镇动物防疫检疫中心站工作人员，疏于职守，对出县境生猪应当检疫而未检疫，运输工具应当消毒而未消毒，且没有进行"瘦肉精"检测，就违规出具《动物产地检疫合格证明》及《出县境动物检疫合格证明》《动物及动物产品运载工具消毒证明》《牲畜1号、5号病非疫区证明》。其中，王二团、王利明还委托或默许不具备检疫资格的牛利萍代开证明。3名被告人的行为致使3.8万头未经"瘦肉精"检测的生猪运到江苏、河南等地。

[法律解读]

五名被告构成共同犯罪：法院一审宣判刘襄等的罪名为"以危险方法危害公共安全"，非法所得予以收缴，犯罪使用财物予以没收。对此，郑州大学法学院教授刘德法、河南省社会科学院法学研究所副研究员赵新河作出解释，本案已不属于危害公共安全的一般危险犯，而是已经造成严重结果的实害犯，被告人的行为已经给消费者的健康安全埋下了严重的隐患，给养殖户或相关经营者直接导致了数千万元的财产损失，给当地的生猪养殖业造成了数亿元的间接损失，符合我国刑法关于危害公共安全罪的本质特征。

刘襄等人的行为严重危害了公共安全，其故意生产、销售对人体有害的"瘦肉精"投放市场，用于饲养供人食用的生猪，其行为性质属刑法规定的"以其他危险方法"危害公共安全的行为。刘襄等具有较高文化水平，有的还从事过化工行业的工作，对人食用含有"瘦肉精"残留的食物的毒害性早有了解，而且对生产、销售"瘦肉精"用于添加猪饲料的行为是国家严令禁止的，被告人对其行为的非法性也具有明确认识等。事实都充分证明，被告人对自己行为的违法性是明知的，主观是恶劣的。

应以数罪中最重犯罪定罪处罚：刘襄等被告人明知"瘦肉精"作为猪饲料添加喂养生猪，被人食用后对人体有害，故意生产并将其销售到生猪养殖业的行为，犯罪动机是为了牟取暴利。他们对自己的行为将可能造成的危害公共安全结果持一种不确定的概括故意，但其行为应被评价为一个完整的行为。这个完整的犯罪行为，在构成要件上同时符合非法经营罪；生产、销售假药罪；生产、销售有毒、有害食品罪；以危险方法危害公共安全罪四个不同的罪名。

这种由一个犯罪行为触犯数个罪名的法律现象，在刑法上属于想象竞合犯。对于想象竞合犯，刑法理论认为应按照所触犯的数罪中最重的罪定罪处罚。因此，制造、销售瘦肉精危及公共安全的行为，应当按照其触犯的罪名中最重的犯罪定罪处罚，即按照刑法以危险方法危害公共安全罪追究刘襄等被告人的刑事责任，也只有如此处理，才能真正体现我国刑法中的罪责刑一致原则。

五名被告明知瘦肉精有害：刑法规定的共同犯罪，要求各被告人在主观上有共同的犯罪故意；客观上具有性质相同的共同行为。主观上，刘襄等五名被告人均明知用"瘦肉精"饲料喂养的生猪食用后对人体健康有害，"瘦肉精"是国家明令禁止在猪饲料中添加使用的违禁品；五名被告人在主观上均具有明显的牟取暴利的犯罪动机。

在客观上，各被告人分工明确，紧密配合，形成组织生产、试用鉴定、批零销售且层层加价的利益链条。尽管每个人的分工不同，行为环节有别，但他们的行为都对犯罪结果的发生起到了不可或缺的作用，在性质上都属于危害公共安全的行为。因此，五名被告人的行为符合我国刑法关于共同犯罪的规定。

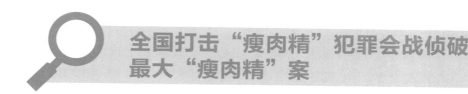

全国打击"瘦肉精"犯罪会战侦破最大"瘦肉精"案

2011年3月，公安部根据中央领导同志指示精神和国务院食品安全委员会的部署，对制售有毒有害食品药品等犯罪案件线索组织排查，尤其是针对"瘦肉精"违法犯罪活动突出的情况，公安部集中分析各地公安机关侦办的个案和农业、工商等有关部门提供的线索，研判认为国内存在一个制售"瘦肉精"的网络，并且有较大的市场，危害严重。公安部领导决定在全国开展一场打击"瘦肉精"犯罪的侦破会战，明确要求深入侦查、重拳出击，必须彻底清查犯罪源头，彻底捣毁生产、储存的"黑工厂""黑窝点"，彻底摧毁销售的"黑市场"，从源头上狠狠打击"瘦肉精"犯罪活动，从根本上遏制住犯罪活动蔓延势头，坚决保护人民群众食品安全，切实维护人民群众的根本利益。为此，公安部专门成立了破案会战指挥部，梳理下发重点线索，挂牌督办大要案件；各涉案地公安机关均成立以主管厅长、局长为组长的专案组，共抽调2000余名警力投入破案会战。2011年8月底，全国公安部门侦办的120余起"瘦肉精"案件全部告破，抓获犯罪嫌疑人989人，收缴"瘦肉精"2.5吨，捣毁6个研制"瘦肉精"的实验室，查获"瘦肉精"非法生产线12条，查封加工、仓储窝点19个，查处生产、销售"瘦肉精"企业32家，摧毁了一个覆盖63个地市的特大制售、添加使用"瘦肉精"犯罪网络。2011年8月下旬，公安部破获了一起涉案金额达5000余万元的"瘦肉精"案件，是迄今为止警方查获的涉案金额最大的"瘦肉精"案件。

公安部治安管理局副局长徐沪介绍，此类犯罪生产、仓储、销售大多异地分离，且多采取化名、假名、伪造货物名称储运，隐蔽性较强。对此，公安部部署各地多警种联动、跨省区合成作战，并派驻督导组具体指挥督导，统一指挥调度，统一交办核查线索，统一案件管辖和行动，侦破了湖南邵阳生产销售"瘦肉精"案、四川成都生产销售"瘦肉精"案、湖北武汉生产销售"瘦肉精"饲料案、天津国英利奥生物技术有限公司生产销售"瘦肉精"案、河南郑州大明动物药业有限公司和新乡张某等生产销售"瘦肉精"案等一系列重大案件，使"瘦肉精"的现实危害得到有效遏制。

公安部负责人表示，打击"瘦肉精"犯罪破案会战取得重大战果，一方面更加坚定了公安机关开展"打四黑除四害"的坚强决心和信心，另一方面也使我们更加清醒地认识到，虽然"瘦肉精"主要生产源头已经打掉，但各地仍要始终保持高度警惕，防止死灰复燃，防止流散在社会个人手中的"瘦肉精"产生新的危害。公安部将发动全国公安机关特别是基层派出所会同有关部门立足辖区，主动摸排，信息共享，关口前移，力争对食品安全等违法犯罪线索早发现、早检测、早查处，减少危害。同时也希望广大群众积极举报，一旦发现此类犯罪活动，公安机关将依法严肃查处、严惩不贷。

租赁黑工厂生产"瘦肉精"

2010年7月，湖南省畜牧部门在对邵阳市养猪农户抽检时，发现部分饲料含有"莱克多巴胺"。随后，湖南邵阳公安部门调查发现，该饲料由曹宗盛等人在江西的动物饲料厂生产。公安部门立即对曹宗盛生产、销售含"瘦肉精"饲料立案侦查。让警方意想不到的是，一张覆盖全国的制售"瘦肉精"网络逐渐"浮出水面"。据警方侦查，曹宗盛从湖北人罗凡处购进莱克多巴胺并生产成"瘦肉精"。2011年3月，罗凡被抓获后供述称其销售的莱克多巴胺分别从浙江人陈秋良等处购进。

据查，陈秋良等人在浙江省奉化市租赁了一个厂房车间，与厂长签订了秘密协议，非法生产莱克多巴胺。"陈秋良和厂长签订的秘密协议上讲，我生产的东西你不要过问，我一年给你多少钱就行了，实际上生产的就是莱克多巴胺。"公安部治安局执法指导处副处长许成磊告诉记者，实际上这个案子早于河南"瘦肉精"案，当时警方鉴于案情复杂，一直在侦办，未对外界披露。在媒体曝光河南"瘦肉精"案后，陈秋良等人见风声很紧，准备到江西转移生产。就在转移前，陈秋良被抓获。

硕士生导师"研发""瘦肉精"

本以为陈秋良被抓是该案的终点，然而警方发现，陈秋良背后藏有复杂的"瘦肉精"制销网络，其中成都蔡维斌便是其中之一。蔡维斌是成都丽凯手性技术有限公司原股东、销售经理。该公司很早的时候就开始生产、销售"瘦肉精"。在该公司停止生产"瘦肉精"后，蔡维斌便从陈秋良处购买"瘦肉精"。根据蔡维斌的线索，警方发现，重庆、安徽、湖北、天津、河南等地均存在"瘦肉精"的制售网络。让警方意想不到的是，在查湖北武汉的线索时，警方发现安徽某高校的硕士生导师汪兴生参与其中，并扮演重要的研发角色。汪兴生通过上线购进莱克多巴胺，与其自行研制的一种原料勾兑后，委托广东的一家动物保健品公司制成"猪重强"饲料预混剂，销往内蒙古、浙江、广东、广西、江西、四川、湖北7个省区，销售数量巨大。

1千克"瘦肉精"可卖到8000元

公安部相关负责人表示，每个制售网络都有专业人员参与，为了暴利铤而走险。我们发现实际上在每一个网络，都有专业知识背景的人员参与其中，并且扮演着非常重要的角色。他们有的是制药厂、兽药厂、生物医药类企业的研发人员，有的甚至是大学的教授。他们明知道"瘦肉精"对人体的危害，宁愿为了暴利铤而走险，这是因为制售"瘦肉精"利润非常大。一般制造"瘦肉精"的成本很低，租个厂房，购买一些简单的设备，购买化工原料，几个人就可以完成制作。制造"瘦肉精"最核心的是合成技术，一些研究机构的研发人员参与会大大降低技术成本。一般来说，1千克瘦肉精出厂销售价1000～2000元不等，成本要比这个价格低很多，卖到养猪户的价格会提高到4000～5000元，有的甚至卖到8000元左右。

黑工厂在生产"瘦肉精"

这些生产"瘦肉精"的地点不是小作坊，都是黑工厂，标称的都是化工厂、兽药厂。一些厂子效益不好，外租给不法分子，他们利用厂子的设备生产"瘦肉精"。公安在侦办时，也遇到了很多困难。"瘦肉精"前端是一个中间体，再往前是一个普通的化工产品，在没有制成"瘦肉精"时你打不了它，因为国家没有禁止中间体的制造。

源头监管有待加强

主要是刑罚惩处力度不够。以前，有的制售"瘦肉精"案件量刑很轻，主犯甚至都被判处缓刑，违法成本很低，刑法威慑力不够。河南"瘦肉精"案中，刑法修正案（八）加大了对食品安全犯罪的惩处力度，一名主犯被判处死刑缓期执行，另一名主犯被判处无期徒刑。另外就是源头监管问题。生产"瘦肉精"的企业都是一些化工类、生物医药类企业，这些厂子有的是将生产线、车间外租，有的甚至与研发、生产"瘦肉精"不法分子合伙。因此，对化工等类企业的源头监管确实有待加强。

 ## 公安部侦破特大地沟油制售食用油案

针对人民群众十分关注的收购地沟油炼制、销售食用油问题，公安部于2011年9月统一指挥浙江、山东、河南等地公安机关首次全环节破获了一起特大利用地沟油制售食用油的系列案件，摧毁了涉及14个省的"地沟油"犯罪网络，捣毁生产销售"黑工厂""黑窝点"6个，抓获柳立国、袁一等32名主要犯罪嫌疑人。

事件回放

2011年3月，浙江省宁海县公安局治安大队在"大走访"开门评警中接到群众举报，有一伙人在各饭店高价收集餐厨废弃油脂，疑为炼制生产食用油。浙江省公安厅立即组织专门力量，先后5次赴山东、河南等地进行深入侦查。经过锲而不舍、艰苦细致的工作，初步查明具有重大犯罪嫌疑。案件上报后，公安部高度重视，立即挂牌督办。国务委员、公安部部长孟建柱作出重要批示，要求以对人民群众高度负责的精神，坚决一查到底，彻底摧毁犯罪链条，确保人民群众餐桌安全和生命健康。

针对犯罪团伙组织严密、活动隐蔽、社会关系复杂等特点，公安部多次召开案件协调会，明确侦查方向，制定周密方案，组织精干力量开展案件侦查工作，经过艰辛努力，获得了大量证据，查明了犯罪链条。7月中旬，公安部统一部署，先后组织浙江、山东、河南公安机关开展集中行动，成功捣毁济南格林生物能源有限公司、河南郑州宏大粮油商行等利用地沟油生产、销售食用油"黑窝点"6个，查获非法生产线2条、地沟油炼制的食用油100余吨、已灌装假冒品牌食用油100余箱，抓获主要犯罪嫌疑人32名。

经查明，济南格林生物能源有限公司实际经营者柳立国等犯罪嫌疑人自2009年以来，以加工生物柴油为名，从浙江、四川、贵州等地采购地沟油炼制生产食用油，销往食用油市场牟取暴利。犯罪嫌疑人袁一等从柳立国处购入地沟油炼制的食用油，贴牌加价销售，从中牟利。

由于此前食用油检测标准不完善，无法发现利用地沟油非法炼制食用油的问题，同时对餐厨废弃油脂循环利用工作缺乏规范，对有关企业的监管也不到位，给发现、侦破、打击利用地沟油炼制食用油犯罪带来很大困难。此案经过艰苦的侦查，首次全环节侦破集掏捞、粗炼、倒卖、深加工、批发、销售6大环节于一体的地沟油生产销售"产业链"，不仅打掉了非法利用地沟油炼制食用油的犯罪链条，而且揭开了不法分子利欲熏心、丧尽天良，制造有毒有害食用油的犯罪黑幕，同时对推动完善食用油鉴定标准，进一步打击地沟油犯罪提供了科学依据。

公安部有关负责人指出，针对当前地沟油违法犯罪活动突出的情况，公安部已部署全国公安机关在"打四黑除四害"专项行动中，开展打击地沟油犯罪破案会战，要求各地公安机关会同有关部门立足辖区，全面排查，及时发现违法犯罪，坚决打掉一批利用地沟油炼制有毒有害食用油的"黑作坊""黑工厂""黑窝点"，切实保护人民群众的餐桌安全和身体健康。同时，在工作中严格法律政策界限，对依法依规循环利用餐厨废弃油脂的，公安机关和有关部门将依法予以保护和支持。

浙江金华查获"新型地沟油"由变质动物内脏提炼

让人深恶痛绝的地沟油，一般都是从泔水中提炼而成的。但在浙江金华查获的一种新型的地沟油原料却来自于屠宰场的劣质、腐烂的动物内脏、皮、肉。这种对人体危害极大的"新型地沟油"，在改头换面之后，被加工成为食品或者火锅底料。2012年4月，浙江金华警方就发现了这样的"黑窝点"，依据这些线索，公安部统一指挥，全国六省市集中行动，彻底摧毁了一个特大跨省的地沟油销售网络，总共查获3200吨"新型地沟油"。

事件回放

2011年10月，金华苏孟乡的村民们，闻到周围总是有一股臭味。传出恶臭的院子的主人叫李卫坚。金华公安局江南分局的民警发现，李家院子门口经常堆放着大量空油桶，地上油迹斑斑，而这难闻的味道也很像是熬制泔水加工"地沟油"的味道，不过，现场没有泔水，只有成堆的油脂块。治安大队大队长傅学军说，他们秘密调查之后发现，这些油脂由屠宰场的废弃物压榨而成，主要包括猪、牛、羊屠宰以后留下的一些内脏膈膜，以及从猪皮、牛皮、羊皮上刮下的碎末；还有一些，则来自于时间存放过长，不能吃了的变质动物内脏。进一步调查后又有新发现：在金华婺城区，熬制这种油脂的窝点不止一家，还有一些散布乡村的个体熬油户，他们熬制的原料，也是来自于屠宰场的废弃物；最终生产出来的这种动物油脂，都由李卫坚统一收购。这些熬油的作坊，几乎所有角角落落都被油烟熏得漆黑。经过调查分析，这样利用劣质、过期、腐败、变质的动物皮、肉、内脏等，经过简单的加工提炼出来的油脂，就是一种"新型地沟油"。这种"新型地沟油"虽与从泔水中提炼的传统"地沟油"来源不同,但危害一样很大,里面都具有高含量的致癌物质、致病细菌和重金属成分。

"新型地沟油"背后依然是超高利润

一个熬油的个体户温某在接受警方调查时说,李卫坚收购的名义是工业用油,他说这些油脂都是卖给一些化工企业生产肥皂等化工产品的。但警方调查发现的事实并非如此。警方发现,李卫坚家门口进进出出的运油车辆不少。但只要有陌生人经过,他们就会停止装卸货物,看上去都异常警惕。经过近5个月的调查,警方终于梳理出这些"新型地沟油"的主要去向:很大一部分被销售到了上海、江苏、安徽、重庆等地的一些油脂加工公司,在这些公司经过再加工后,再以食用油的名义销往食品加工企业,制成食品和火锅底料等。

比如江苏连云港康润食品配料有限公司,就是李卫坚的一个主要客户。在这家公司的账目上,2011年年底,公司分3次从李卫坚手上购得"地沟油"近40吨,每吨的价格7500~7700元不等。警方最终确认,李卫坚团伙仅在2011年1—11月间,销售这种新型地沟油的收入就达到了1000多万元。各种数据显示,跟传统"地沟油"的利润相比,"新型地沟油"毫不逊色。李卫坚从个体熬油户那里收购的价格,大约是5000元/吨,而卖给下家,也就是油脂加工公司的价格是7600元/吨左右,而油脂公司再让这些地沟油摇身一变,销售价格就到了12500元/吨。

六省市统一行动,查获"新型地沟油"3200吨

相关案情上报之后,引起了上级部门的高度重视。很快,公安部统一指挥,浙江、安徽、上海、江苏、重庆、山东6省市公安机关集中行动,摧毁了一个特大跨省"地沟油"犯罪网络。这次行动,在3月21日进行,六省市警方同步展开收网,金华警方作为主要力量参与其中。最终,一共捣毁"新型地沟油"黑工厂、黑窝点13处;抓获违法犯罪嫌疑人100余名;现场查获"地沟油"3200多吨。至此,一个特大型跨省"地沟油"犯罪网络覆灭。

拉菲"造假门"凸显进口红酒文化久遭误读

2012年3月，一则"年产20万瓶的'拉菲'在中国年消费达200～300万瓶"的新闻不禁令很多红酒消费者瞠目结舌，受暴利驱动产生的造假、售假背后，国际知名红酒品牌文化在国内被误读的尴尬也渐渐浮现。当前我国进口红酒市场普遍存在"傍名牌"的现象。以"拉菲"为例，市场上就充斥着"大拉菲""拉菲正牌""拉菲副牌""拉菲传奇"等上百个所谓的进口洋品牌，尤其令人担忧的是，在林林总总的假洋酒、假品牌中，竟然存在着"没有一滴葡萄汁"的纯粹用化工原料勾兑的假红酒。

假红酒为什么还会受到欢迎呢？"主要是喝酒的人他只关心你卖的红酒的名字响不响亮，气不气派，至于什么文化是从来不提的。"一位在高档酒店工作8年的餐饮经理如是说。一位留学法国15年的侨胞说，"中国发展的速度让世界惊奇，但也催生了很多不该有的浮躁和虚荣，只看表面，背后的文化品质被抛在了脑后，我在国内就曾见过有人给窖藏20年的干红里兑雪碧喝，真让人哭笑不得。"

怪象1：进口红酒从入关到零售涨37倍

2012年3月，浙江省消费者权益保护委员会在浙江境内随机选择的一个口岸调查发现，进口到中国的红酒呈现出"身价倍增"的现象。调查的确切数据显示，该口岸2011年从法国、西班牙、意大利、罗马尼亚、黑山5个国家总计进口红酒42个批次，共40万升，总值117万美元。以750毫升一瓶计算，每瓶平均口岸价约为2.19美元，折合人民币约15元。而在该口岸批发市场，威邦帝国、皇家庄园、约贝拉庄园等73种不同规格进口红酒，平均批发价为312.04元/750毫升。在当地零售市场，这73种红酒平均零售价为562.12元/750毫升。根据以上数字简单计算即可得知，进口红酒批发价约为口岸价的20倍，零售均价约为口岸均价的37.5倍，零售均价是批发均价的1.8倍。

就算在葡萄酒知名的法国，当地人又在喝多贵的酒呢？记者在巴黎一家葡萄酒专营店随机采访了3位当地市民，他们说，法国人日常饮用的葡萄酒价格在3～10欧元不等，如果送贵客或者是最好的朋友，"20欧元的葡萄酒已经是最贵的了"。巴黎一名华人酒商说，拉菲根据年份不同酒价不同，批发均价在800欧元左右，市场价在1400欧元以上，而在中国市场至少卖到人民币1.5万元以上。

此外，根据浙江省消费者权益保护委员会在某口岸的调查，其间批零价最高的进口葡萄酒品牌为"皇家庄园2004经典珍藏干红"，其批零价分别为2188元和5470元。同在该口岸的批零市场，国产葡萄酒的"身价"则显得逊色不少，工商部门抽查的张裕、威龙、长城等57种国产红酒，平均批发价为60.21元，平均零售价为90.68元。其中，最高批零价的国产品牌是张裕特选级卡斯特庄园，其批零价分别为320元和486元。

怪象2：多出的"拉菲"从哪里来？ 大量造假无一滴葡萄汁

中国一年消耗拉菲数量高达200万瓶，差不多是拉菲10年的总产量。巴黎一个酒商表示，拉菲年产量最多是24万瓶。据浙江省工商局的调查，拉菲每年在中国市场大约能分到5万瓶。"拉菲是可以摆在博物馆里供人们参观和欣赏的，和日常生活完全没有关系。"法国人认为，拉菲酒应该是用于收藏的，就像是收藏艺术品一样，如果用于饮用就"过于奢侈了"。但在中国，一年消耗拉菲数量高达200万瓶，差不多是拉菲10年的总产量。多出来的上百万瓶"拉菲"究竟从哪里来的？浙江省工商局查处的一桩案件可以回答这个问题。

2012年2月，浙江省工商局查处了义乌市程盛副食品商行经销裸装葡萄酒一案。据了解，程盛商行老板分别从河北昌黎、山东烟台购入了大量裸瓶葡萄酒，又在香港注册了"法国拉菲葡萄酒（香港）有限公司""法国皇家卡斯特庄园有限公司"两家销售公司，然后再将自行印刷的这两家空壳公司的标签贴在裸瓶上，使国产酒摇身变成了名牌酒。工商部门在这家公司20多平方米的店面内查获裸装葡萄酒5397瓶，但各类商标标签却高达42万套，意味着可以造假42万瓶"洋酒"。浙江省工商局的工作人员说："我们专门到河北昌黎调查，当地人称，这种裸瓶装的葡萄酒一滴葡萄汁都没有，全是化工原料勾兑的。"

工商部门认为，当前我国进口红酒市场最大的问题就是"傍名牌"，"拉菲"和"卡斯特"是被傍得最多的品牌。仅"LAFITE"，就发现有"大拉菲""拉菲正牌""拉菲副牌""拉菲传奇"等上百个品牌。"CASTEL"也一样，甚至有经营者别出心裁地将"LAFITE""CASTEL"直接拼凑成"卡斯特拉斐"虚假品牌。这些假品牌酒，其中不乏"没有一滴葡萄汁"的化工原料浆汁。

公安部部署彻查严打"毒胶囊"犯罪

2012年4月15日，央视《每周质量报告》节目《胶囊里的秘密》，对"非法厂商用皮革下脚料造药用胶囊"曝光：河北一些企业，用生石灰处理皮革废料，熬制成工业明胶，卖给绍兴新昌一些企业制成药用胶囊，最终流入药品企业，进入患者腹中。由于皮革在工业加工时，要使用含铬的鞣制剂，因此这样制成的胶囊，往往重金属铬超标。经检测，修正药业等9家药厂13个批次药品，所用胶囊重金属铬含量超标。

事件回放

药用胶囊是一种药品辅料，主要是供给药厂用于生产各种胶囊类药品。儒岙镇位于浙江省新昌县，是全国有名的胶囊之乡，有几十家药用胶囊生产企业，年产胶囊一千亿粒左右，约占全国药用胶囊产量的三分之一。记者在当地发现一个奇怪的现象，这里的胶囊出厂价差别很大，同种型号的胶囊按一万粒为单位，价格高的每一万粒卖六七十元，甚至上百元，低的却只要四五十元，而胶囊价格悬殊跟明胶原料有很大关系。

在前后长达8个月的调查中，记者走访了河北、江西、浙江等地的多家明胶厂和药用胶囊厂，发现了其中的奥秘。

第一道环节：明胶企业。河北学洋明胶蛋白厂和江西弋阳龟峰明胶公司两家明胶生产企业，采用铬超标的"蓝矾皮"为原料，生产工业明胶，然后套上无任何产品标识的白袋子包装，通过一些隐秘的销售链条，把这种白袋子工业明胶卖到浙江新昌地区。

第二道环节：胶囊生产企业。这种铬含量严重超标的工业明胶由于价格相对便宜，被当地一部分胶囊厂买去作为原料，生产加工药用胶囊。

第三道环节：制药厂。这种被检出铬超标的药用胶囊最终流入青海格拉丹东、吉林长春海外制药等药厂，做成了各种胶囊药品。

根据调查中掌握的线索，记者分别在北京、江西、吉林、青海等地，对药店销售的一些制药厂生产的胶囊药品进行买样送检。检测项目主要针对药品所用胶囊的重金属铬含量，经中国检验检疫科学研究院综合检测中心反复多次检测确认，9家药厂生产的13个批次的药品，所用胶囊的重金属铬含量超过国家标准规定2毫克/千克的限量值，其中超标最多的达90多倍。

　　明胶厂明明知道这些工业明胶被胶囊厂买去加工药用胶囊，却给钱就卖；胶囊厂明知使用的原料是工业明胶，却为了降低成本，不顾患者的健康，使用违禁原料加工药用胶囊；而制药企业呢，则没有尽到对药品原料的把关责任，使得这些用工业明胶加工的胶囊一路绿灯流进药厂，做成重金属铬超标的各种胶囊药品，最终被患者吃进了肚子里。

　　毒胶囊的曝光引起了卫生部和公安部的高度重视。卫生部部长陈竺回应：胶囊重金属超标要依法管理，有责任的企业家应承担起社会责任。公安部立即部署彻查严打"毒胶囊"犯罪，第一时间部署河北、浙江、江西、山东等地公安机关介入侦查，积极会同有关部门开展查处工作。截至4月9日，各地公安机关已立案6起，抓获犯罪嫌疑人53名，查封工业明胶和胶囊生产厂家10个，现场查扣涉案工业明胶230余吨。

国际上曾出现的食品安全事件

　　食品安全问题是一个世界性的问题，是全球面临的共同问题，没有零风险。世界卫生组织食品安全、人畜共患疾病和食源性疾病司发布的《食品安全五大要点》认为：自有历史以来，不安全食品一直是影响人类健康的问题。人类当前所遇到的问题并非新问题。尽管世界各国政府尽力改善食物供应的安全性，但无论是在发达国家还是发展中国家，食源性疾病都仍然是重大的卫生问题。世界卫生组织（WHO）于2015年4月7日"世界卫生日"报告：含有有害细菌、病毒、寄生虫或化学物质的不安全食品可导致腹泻、癌症等200多种疾病。据统计，食源性和水源性腹泻病每年导致约200万人死亡，其中有许多是儿童。

　　WHO总干事陈冯富珍指出：食品安全是全世界面临的共同问题，并非一个国家所独有，各国政府都需要加强相关的监管制度和措施以确保食品安全。发展中国家和发达国家都面临加强食品安全的问题，世界卫生组织每月收到约200项关于其193个成员出现食品安全问题的报告。

国际上曾出现的一些食品安全事件

事件	事件经过
美国饲料被二噁英污染	1957年，美国因饲料被二噁英污染，导致30万只鸡不能食用
美国金枪鱼腐肉	1963年4月，美国底特律两名妇女因食用了华盛顿包装公司的腐烂罐装金枪鱼肉中毒死亡。事件发生后，生产厂关闭
美国牛饲料被阻燃剂污染	1973年伴随着牛饲料被阻燃剂污染，导致大批美国人因食用被污染的牛肉发生中毒
美国冷冻草莓传染肝炎	1997年4月，美国密歇根州染有A型肝炎病毒的冷冻草莓被当作一家学校的甜点，导致153名学生和老师染上肝炎
印度可口可乐和百事可乐农药严重超标	2006年8月，印度科学与环境中心调查报告称，12个邦的25个可口可乐和百事可乐公司分装厂出产的11种软饮料抽样样品均含有3~5种农药成分，是印度国家标准局制定标准的24倍
美国大肠杆菌污染菠菜	2006年9月美国大肠杆菌感染扩散至19个州，发现近百病例。威斯康星州的感染病例最多，有29人，其中1人死亡，有14人出现了肾功能衰竭的症状
美国加州开心果遭沙门菌污染	2009年3月30日，加利福尼亚州公共卫生部门宣布，图莱里县塞顿农场向31个州销售的开心果可能受到沙门菌污染，卫生部门对此展开紧急调查
美国因花生酱污染召回花生酱产品3000多种	2009年1月，美国有3076种产品因花生酱污染被召回，成为美国有史以来召回产品最多的一次食品污染事件，被召回的产品包括蛋糕、饼干、冰淇淋及宠物食品等。当年2月13日，美国花生公司向弗吉尼亚州破产法庭提出破产申请
美国Topps肉类公司召回被大肠杆菌污染的冷冻汉堡	2007年9月，有67年生产历史的Topps肉类公司在召回了2170万磅被大肠杆菌污染的冷冻汉堡后，宣布破产
英国"疯牛病"克雅氏症	1986年10月英国阿福德镇一只奶牛突然四蹄发软，口吐白沫，肌肉抽搐而死。这头牛患的是"疯牛病"，人们很快联想到这种疯牛病可能会传染给人类。果然，10年后的1996年，一位叫史蒂芬的年轻人惨死于疯牛病引起的"克雅氏症"，一场震撼世界的疯牛病危机爆发了

续表

事件	事件经过
美国沙门菌污染鸡蛋	2010年8月美国暴发大规模沙门菌污染鸡蛋疫情，有18个州发现遭沙门菌污染的鸡蛋，有1000多人食用问题鸡蛋后染病，两周内有5.5亿只鸡蛋被召回
匈牙利"毒辣椒"事件	1994年，Ground辣椒中含有铅氧化物，导致数十人食用后生病，数人死亡
比利时二噁英污染动物产品	1999年比利时某些鸡突然出现异常，调查证明含有高浓度二噁英的动物油脂被加工成饲料，造成养鸡场鸡脂肪和鸡蛋中二噁英超过标准800～1000倍。事件造成该国畜牧业损失25亿欧元，引发社会动荡，内阁倒台，并波及德国、法国、荷兰等国
日本"水俣病"	1953年开始，日本氮气公司在水俣市乙醛生产过程中使用的催化剂汞排入大海后，在微生物作用下转化为甲基汞，并在鱼体内高浓度蓄积。人食用了被污染的鱼类后产生感觉和运动神经障碍症——水俣病，最后全身痉挛而死。到1991年3月，确认水俣病患者2248人，其中死亡1004人
日本森永奶粉中毒事件	1957年，日本奶粉被砷污染，即"森永奶粉中毒案"，截至2002年，共引发了13400例中毒和100例死亡
日本"O-157"大肠杆菌事件	1996年，由"O-157"大肠杆菌引起的肠道传染病蔓延到日本44个都府县，感染者超过9000人，截至当年8月31日死亡9人。为此，日本政府成立了专门机构，采取各种措施来制止这种传染病的蔓延
日本"毒大米"	2008年9月，日本"三笠食品"等公司涉嫌将工业用大米，伪装成食用米卖给酒厂、学校、医院等370家单位。案件调查过程，中间商日本奈良县广陵町米谷销售公司社长不堪重负，在家中上吊自杀身亡。随后，农水省事务次官白须敏、农林水产大臣太田诚一相继引咎辞职
韩国食品公司将下脚料做饺子馅	韩国美景食品是一家位于首尔以南约340公里处的饺子公司，2004年4月13日该公司发生生产和销售由下脚料制成"垃圾饺子"的丑闻，经检测部门检测，"垃圾馅"中大肠杆菌等细菌含量严重超标。事后35岁的公司负责人从桥上纵身跳入河中自杀

续表

事件	事件经过
印度黄曲霉毒素致上百人死亡	1974年印度西部200多个村爆发了因食用黄曲霉毒素污染的霉变玉米所致的中毒性肝炎，397人中毒，106人死亡，病死率高达26.7%
两名西班牙商人销售掺假橄榄油	2011年12月，两名西班牙商人因为销售掺假的橄榄油而被判处入狱两年。在他们卖出的数万升所谓"特纯初榨橄榄油"中，只有不到30%的成分是真正的橄榄油，70%~80%是廉价的葵花籽油
意大利八成橄榄油掺兑造假，牵涉13家大生产商	2011年12月意大利海关、警方和该国最大的农业协会Coldiretti联合调查显示，为了满足国际市场对橄榄油不断增长的需求，意大利一些利欲熏心的生产商竟然把产自希腊、西班牙、摩洛哥和突尼斯的廉价橄榄油掺兑到意大利橄榄油中，冒充高端初榨橄榄油。结果造成80%产自意大利的橄榄油掺兑了来自地中海地区其他国家的劣质油

第八篇

食品安全流言终结篇

 ## 如何理解食品安全焦虑症和恐慌症

　　近十年来，食品安全问题受到国民广泛关注。自2006年苏丹红"红心"鸭蛋事件开始，食品安全相关话题就不断刺激者消费者敏感的神经，并吸引着全社会的眼光。而2008年的"三聚氰胺"事件更是把民众对食品安全问题的关注度升至顶点，于是给我们造成一种感觉，似乎每个食品行业、每种食品都出过问题，吃任何食品都可能中招。

　　频发的食品安全事故使消费者对我国食品安全环境产生疑虑，甚至风声鹤唳，谣言裹胁其中，挑拨民众敏感的食品安全神经，造成谣言越猖狂消费者越疑虑，进一步导致社会对食品安全的信任度下降，引发公众的"食品焦虑"。利用公众的"食品焦虑"也成了一些企业开展不当市场竞争的主要手段，即"捏造和发布竞争对手在食品安全方面的谣言，诱导消费者对其产生不信任感，借此打击竞争对手品牌，影响其正常经营和市场销售"，对社会稳定造成威胁。

食品类谣言是如何被制造出来的

常见的食品安全谣言类别主要涉及零食小吃、肉制品、果蔬及转基因食品。这些食物都是跟我们每日饮食密切相关的蔬果、家禽。作为每个人日常饮食必备的食物，相关的谣言更容易引起公众的关注和担忧。而这些谣言也非常"与时俱进"，最近比较火热的一些食品，比如火锅丸子、辣条、转基因食品等均相继中招。容易骗人的谣言用的惯用方法包括以下五种。

方法一：恶劣的加工生产环境和肮脏得惊人的原料。比如，肉制品的谣言常常通过描述令人作呕的加工环境、带病的牲畜源、寄生虫、添加剂等加工环节乱象来引发公众的恐惧情绪。

方法二：不当的食用习惯将引发严重疾病。水果、蔬菜类的谣言最常使用的造谣方法就是"食物相克"及夸大不当食用方式引发的严重疾病。如网上常见转载的《千万不能吃的蔬菜水果部位，吃错可能致命！》一文列举了10种常见蔬果不能食用的部位，其中就包括马铃薯皮和韭菜叶等日常食用的蔬果部位。

方法三：夸大某些食品的保健养生效果。这种造谣方式迎合人们急于寻求健康良方的心理，把普通食物包装成具有强大保健功效的食品。如网上常见转载的《妇女生孩子在坐月子时落下的所有病根都能根治的偏方》及《每天仅一勺！一个月打通血栓！还你干净通畅的血管！后悔知道得太晚了！》，用词十分夸张。

方法四：在标题打上"死亡""疾病"等致命关键词进行传播。食品相关的谣言常常会与疾病相关，标题多带有"可怕""恐怖""致命"等唤起恐惧的词语，来激发读者的死亡恐惧情绪。这些谣言往往标题语不惊人死不休，如网上常见转载的《镇安凉皮出大事了》《这是世界上最脏的鱼！千万不要再吃！》《天啊！最常吃的水果竟然比砒霜还要毒！》《太可怕了，晚餐绝不敢贪吃了！》。

方法五：通过以成功人士为目标群体的公众号进行传播。这些食品类谣言把目标群体定为成功人士，利用他们在事业成功后更注重健康的心理，以宣扬食品安全为爆点，散布食品安全威胁谣言。如"××富翁俱乐部：近期的猪肉还是不要吃了""全球××富翁俱乐部：不要再买这个菜了！因为它100%致癌！"。

食品类谣言易传播的原因：公众焦虑感与心理距离

　　近年来我国食品安全问题频发，相关的负面报道层出不穷，公众对健康疾病、食品安全问题普遍感到担忧，在这种情况下，一部分民众只能通过造谣传谣来释放焦虑并进行自我教育。由于这些谣言比较符合公众日常生活的经验、比较容易引发公众对食品问题的担忧，因此得以广泛传播，经久不衰。

　　一般与公众心理距离近（即大家感觉上离自己近）的议题，尤其是可能给正常生活带来威胁的议题更容易受到关注，也容易引发转发传播等行为。食品安全就是与公众心理距离特别近的一类议题，再加上食品又往往和人身安全、疾病养生关联在一起，更易被关注和传播，这也是为什么食品类谣言始终野火烧不尽，年年月月有翻新的原因。

　　为什么食品网络谣言传播如此广泛？娃哈哈集团董事长宗庆后分析认为，在自媒体的巨大传播效应下，"谣言重复1000次就成了真理"，大量消费者从"将信将疑"到"深信不疑"，抱着至少"宁可信其有不可信其无"的态度。很多经销商反映，消费者根本不听解释，就是不买。谣言传播范围越广、时间越长，消费者担心情绪就越剧烈，还相互传染，最终造成恐慌。宗庆后表示，只有通过政府、企业、专家学者、媒体和消费者共同努力，彻底根除包括网络谣言在内的阻碍行业健康发展的病毒，才能营造食品安全良好氛围。

谣传产品含肉毒杆菌　娃哈哈3个月损失20亿闹上法庭

　　谣言：2015年1月，腾讯微博网友"于淼"发布了一条微博信息称："妇幼保健院提示您：请不要给宝宝喝爽歪歪和有添加剂的牛奶饮料，告诉家里有小孩的朋友，刚看了新闻，可口可乐、爽歪歪、娃哈哈AD钙奶、多美滋、雅培、美汁源果料奶菠萝味的，都含有肉毒杆菌。现在紧急召回，希望有儿女的爸爸妈妈相互转告。"

　　真相： 根据浙江省疾病预防控制中心对娃哈哈的爽歪歪产品及原料27个批次的检测结果，全部为合格产品。国家食品药品监督管理总局2015年一季度连续三期抽检娃哈哈产品的数量是所有饮料企业中最多的，均为合格产品。二十多年的市场检验和一系列国家食品质量监管机构的检验报告证明，娃哈哈的产品是具有质量保障的放心合格产品，谣言所提纯属捏造及无稽之谈。

　　法律行动： 娃哈哈发现有关肉毒杆菌的谣言传播范围很广，对微博和微信上侵权的信息进行了保全公证，十多个微博上有这条谣言，其中最早的就是于某在腾讯微博发的。仅仅在4月8日—11日这3天里，谣言微博原发信息超过700条，微信账号发文450条，仅相关微信的阅读量就接近200万次。这些谣言使娃哈哈部分产品当年第一季度损失高达20亿元。

被告当庭认错道歉　娃哈哈放弃20万元索赔

　　2015年5月28日，娃哈哈集团向杭州市上城人民法院提起诉讼。律师刚宣读完起诉书，被告于某当场就表示道歉，并为自己的行为感到后悔。经过双方调解，娃哈哈方面宣布愿意主动放弃20万元的赔偿，并承担案件的诉讼费用，不过前提是要求于某签署一份调解书。于某承认自己发布的是谣言，对娃哈哈集团造成了伤害，并公开向娃哈哈道歉。

谣言一　恐怖的"僵尸肉"

　　谣言： 南宁市警方在查获一批走私冻品时，发现其中一些鸡爪包装袋上印制的包装日期竟然是三四十年前，其中时间最长的包装日期显示封存于1967年，并暗示这些"僵尸肉"是越战时的储备肉。

　　真相： 南京警方并没有提供这样的消息，也没有任何官方发布过查获所谓"封存三四十年"的肉。至于2013年的那则报道是如何出炉的，已难以考证，但从新闻报道的角度来看，它没有确切的信息源，也缺乏案件具体地点、当事人这样的新闻细节，很难让人相信。走私肉确实是一直存在的，但"僵尸肉"

（特指封存几十年的肉）的报道，是从一则"旧闻"不断嫁接、演绎而来的：将一个"窝点"演绎成海关全面查获，将2013年拉伸到今年，将凤爪外延到猪肉、牛肉等所有走私肉，再将数量臆想为"今年海关查获的42万吨当中的一部分"，再补充一个所谓"战时储备肉"的解释，这种报道是不真实的。

谣言二　六只翅膀的鸡

谣言：西方快餐连锁企业，为了在中国市场开创"大好"局面，都有专门研究特别适合中国人口味、让中国人喜欢的调味配方，以此作为企业开发重点。另外就是研究开发一只鸡身上能长出六只翅膀的激素催生技术。此种鸡出生时被注入激素后，在后天的成长过程中会在原有的1对翅膀的前后各生出一对新的翅膀，大小与原翅膀一致，而"洋快餐"中所使用的炸鸡翅、烤鸡翅均为此种鸡。由于注射有大量不明激素导致变异，其对人体的危害相当严重。

真相：世上根本没有六翅鸡或者多翅鸡、多腿鸡这样的怪鸡、畸形鸡。现在的科学手段也没有办法培育出这样的品种。已有媒体和消费者亲眼见证过供应鸡肉的养鸡场，根本没有怪鸡，网络上的图片都是人为修图伪造的。

谣言三　营养快线成乳胶

谣言：有微博称"营养快线被曝阴干后成乳胶"。营养快线真的有营养吗？网友将营养快线倒入盘子，阴干后成了一层"胶状的皮"，网友批其甚至可作避孕套用。

真相：含乳饮料阴干了变成胶并不能说明这种饮料"有问题"。仅仅从这个实验、配料表以及标签来看，它没有违法的地方，也没有对消费者形成欺骗。只要看到"胶"，人们就会想起塑料。塑料是由高分子物质聚合而成的，但是高分子物质聚合而成的东西并不都是塑料。食物中，蛋白质、淀粉、纤维素，都是高分子物质。在特定的条件下，它们也可以聚合成胶。我们通常吃的皮冻、豆腐、果冻、腐竹、凉粉、米粉、鸡蛋羹等，就是不同的食品成分所成的"胶"。在含乳饮料中的水蒸发之后，牛奶蛋白和这几种胶的分子互相纠缠在一起，宏观看来，就是成了微博中所说的"乳胶"。

谣言四　水果和牛奶不能同时吃

谣言：有关喝牛奶的各种禁忌在民间广泛流传。在某档电视节目中，专家通过"把橙汁倒进牛奶，产生絮状沉淀"的实验告诉观众，喝牛奶前后1小时内不能吃酸味水果。

真相：遇酸沉淀是牛奶中"酪蛋白"的基本性质。即便不和果汁一起喝，牛奶在胃里也会发生沉淀。因为胃内有大量胃酸，其成分主要是盐酸，酸度比水果中的果酸要酸得多。牛奶进入胃肠道后，也会先接触胃酸而发生絮凝，然后才是进一步的消化吸收。从另外一个角度讲，水果和牛奶还是好搭档，两者的营养搭配堪称绝配。

谣言五　微波炉加热食物会致癌

谣言：微波炉"致癌说"由来已久。一则名为《快别用微波炉了，会致癌！》的帖子在微信上被疯狂转载，文中称微波炉加热的食物会产生致癌物质，再次引发人们担忧。

真相：微波只是加热食物中的水分子，食物本身并未发生化学变化，不会产生致癌物。国家家用电器质量监督检验中心综合检验部主任鲁建国也表示，质量合格的微波炉都经过了严格的检测和反复实验，其微波泄漏量和所产生的辐射都是在国家规定的标准范围内，正常使用不会对人体造成伤害，更不会通过其加热的食品带来危害。

谣言六　蘑菇富含重金属

谣言：有传言说蘑菇对重金属的富集能力非常强，所以不能多吃，还有的人给出了"每个月不要超过200克"的建议。

真相：和某些食物相比，蘑菇富集重金属的能力确实略高。但蘑菇是否重金属超标主要与其生长环境有关。现在市场上出售的蘑菇大部分是在含棉籽壳、麸皮等一些农林副产品所配制的培养基中生长的，因此，它们接触重金属的机会就特别小，更谈不上重金属超标了。另外，蘑菇内含有多糖，这种成分可以抑制重金属的解离，使之在人体内无法成为离子，因此很难被肠道吸收。所以即使人吃了蘑菇，对人体产生的影响也比较小。

谣言七　不锈钢容器泡茶有毒

谣言：有媒体拍摄视频称，用不锈钢杯子泡茶72小时之后，杯子出现了"腐蚀"。因为不锈钢中含有毒重金属铬，会释放到茶水中。

真相：要腐蚀不锈钢并不容易。不锈钢在强腐蚀条件下泡足够长的时间，才可能出现肉眼可见的腐蚀结果。而茶水接近中性，离子强度也很低，几乎不具有腐蚀性，更不可能在几十个小时内导致可见的腐蚀。最大的可能是茶垢沉积在杯子上，被当成了"腐蚀"。另外，不锈钢在某些特殊情况下才会被腐蚀，并有部分铬溶出，但含量极少，日常使用符合国家标准的不锈钢餐具不必担心。

谣言八　水果酵素能排毒减肥

谣言：水果酵素在微信朋友圈火速传播。美容、瘦身、排毒等功效看似神乎其神。"酵素"这个词汇来自日本，"酶"才是这类物质的本名，这是一种存在于生物体内的奇妙的蛋白质，生物体内发生的一切化学反应都是在酶的催化作用下实现的。

真相：酶不像维生素和矿物质，补充了就会有效，口服的方式难以补充酶。更重要的是，自制酵素存在食品安全风险。虽然水果发酵会产生有益物质，但自己在家制作不同于工业化生产，无法对工艺、流程加以控制，既不能对细菌种类进行选择，也没有严格的灭菌措施，因此微生物参与化学变化的复杂过程中，有害杂菌和有毒产物随时可能跟着一起滋长。其实，自制酵素有另一个用途——去污。比起水果酵素要选用各种新鲜水果，这种用于清洁的环保酵素则"变废为宝"，只要用餐厨垃圾做原料即可，菜叶、果皮等厨余加糖、加水发酵即可制成。由于不含化学制剂，用起来非常安全。

谣言九　肉丸没肉

谣言：每年入冬开始盛行吃火锅，"肉丸含肉很少，含有大量淀粉和十几种添加剂"等内容便会广泛流传，部分还会引用"专家指出这样的肉丸是垃圾食品，大量食用有害健康"的言论。

真相：这样的肉丸叫作"仿生食品"，通常指用植物原料来模拟肉类的口感与风味。它的营养组成与肉不同，如果用通常"垃圾食品"的标准——高热量、高脂肪去衡量，它不仅不算"垃圾食品"，甚至比"真正的肉丸"还要健康一些。而且，含肉很少的肉丸并不违法。目前国家并没有对肉丸该含有多少肉作出强制规定，可以参考的一个是SB/T 10379—2012《速冻调制食品》标准，规定"主料肉占比不低于10%"——也就是说，只要肉含量超过10%就可以。另外一个是SB/T 10610—2011《肉丸》行业标准，肉含量不低于

45％。但行业标准不具有强制性，生产者可以不遵守——只要不宣称按照该标准生产，就不算违法。

腌制食品有害吗

很多朋友都听说，腌制食品有害，应当尽量少吃。于是，酸菜、泡菜、酱菜、酱豆腐、咸鸭蛋、果脯等食品尽在禁食之列。

第一个必须解决的问题是：腌制食品中什么东西是有害的？

其实，它的害处无非两个：（1）某些腌菜亚硝酸盐过高，这东西不仅本身有毒性，而且可能和蛋白质食品中的胺类物质合成致癌性较强的"亚硝胺"；（2）盐分或糖分过高，对慢性疾病不利。如果还要再多加一个罪名，那就是维生素损失大，营养价值偏低，但这和有毒是完全不同的概念。

第二个需要说明的问题是：哪些腌制食品含有较多的亚硝酸盐呢？

其实有安全问题的主要是腌制蔬菜，而且是短期腌制蔬菜，也就是所谓的"暴腌菜"。腌制时间达一个月以上的蔬菜是可以放心食用的。原来，亚硝酸盐来自蔬菜中含量比较高的硝酸盐。蔬菜吸收了氮肥或土壤中的氮素，积累无毒的硝酸盐，然后在腌制过程中，被一些细菌转变成有毒的亚硝酸盐，从而带来了麻烦。之后，亚硝酸盐又渐渐被细菌所利用或分解，浓度达到一个高峰之后，又会逐渐下降，乃至基本消失。一般来说，腌菜中亚硝酸盐最多的时候出现在开始腌制以后的两三天到十几天之间。温度高而盐浓度低的时候，"亚硝峰"出现就比较早；反之温度低而盐浓度高的时候，出现就比较晚。我国北方地区腌咸菜、酸菜的时间通常在一个月以上，南方地区腌酸菜、泡菜也要20天以上，这时候拿出来吃，总体上是安全的。传统酱菜的酱制时间都很长，甚至长达几个月，所以更不必担心亚硝酸盐中毒的问题。在泡菜加工中严格隔绝氧气可以减少有害物质产生，腌制当中添加大蒜能降低亚硝酸盐的产生，良好的工艺和菌种也会降低风险。真正危险的，正是那种只腌两三天到十几天的菜。有些家庭喜欢自己做点短期的腌菜，也喜欢把凉拌蔬菜放两天入味再吃，这些都是不安全的做法。屡次发生吃酸菜鱼之类菜肴亚硝酸盐中毒的案例，主要就是酸菜没有腌够时间，提前拿出来销售的缘故。

第三个要说明的问题是：盐和糖用来腌制食品，主要是利用它们在高渗透压下能够控制微生物的性质，以及帮助产生特殊风味口感的性质。糖渍不会引起有毒物质的产生，但要想达到长期保存的效果，糖的含量要达到65%以上，这样就会带来高糖、高热量的麻烦。盐渍要想达到好的长期保存效果，也要达到15%左右的含盐量，口味太重，也有升高血压的嫌疑，故而目前多数酱菜产品采用糖盐共用的方法，降低咸度，让消费者容易接受。但这样的低盐腌制食品保存起来必然困难，添加防腐剂就是难免的事情了。

第四个要说明的问题是：腌制食品要产生亚硝酸盐，一方面有温度、盐分、时间的因素，另一方面还要原料当中含有大量硝酸盐才行。鸭蛋、豆腐之类食品并不含有大量硝酸盐，所以盐腌之后不可能产生很多亚硝酸盐，不利健康的因素只是过多的食盐本身。

不过，由于我国水体污染的情况并不罕见，因此水产品中可能含有较多的亚硝酸盐。干制或腌制过程中，其中的部分蛋白质发生分解，产生胺类，和亚硝酸盐结合成为致癌的亚硝胺，倒真是不可忽视的问题。测定表明，咸鱼、虾皮、干制海货、鱼片干、鱿鱼丝之类都有亚硝胺污染问题，受潮产品和味道不新鲜的产品尤其令人担心。

总体而言，按科学的工艺生产、腌制时间充分的泡菜、酸菜、酱菜、朝鲜泡菜等食品均不会引起中毒，对人体是安全的，还能提供一部分矿物质和纤维素。无异味的咸鸭蛋、咸肉、腐乳、果脯等也不会产生大量亚硝胺等致癌物。然而，与新鲜产品相比，腌制蔬菜、水果的营养素有较大损失，盐或糖的含量过高，从营养健康角度来说，还是直接吃鲜菜鲜果更好一些。

人们容易轻信的18个健康饮食谎言

为了健康，你恪守着关于饮食的种种箴言。但是你知道吗？那些你一直深信不疑的饮食箴言，其实很多是充满了片面性的谎言！现在，是还你一个清晰的真相的时候了。一提到糖、盐和脂肪，人们就不约而同地说道："应对之忌口，因为它们对人体的健康有害。"而事实上真是如此吗？其实，万物皆有个度，只要掌握好这个度，你便不会因为它们而受害了。

1. 新鲜蔬菜比冷藏蔬菜更健康。如果是刚从菜地里采摘下来的新鲜蔬菜，这种说法没有任何问题。但事实上我们吃到的蔬菜大都没有那么新鲜了，通常都是储存了几天之久的，其维生素也在储存的过程中逐渐损失掉。相反，超低温快速冷冻的蔬菜就能保持更多的维生素，因为蔬菜采摘之后即速冻，能很好地防止维生素的流失。

2. 喝矿泉水绝对可以放心。很多人说矿泉水中含有丰富的矿物质，对人体更有益。但是矿泉水也会受到土地中有害物质（如汞和镉）的污染。荷兰科学家曾对16个国家出产的68种不同品牌的瓶装矿泉水进行了分析，结果发现矿泉水更容易受到危险微生物和细菌的污染，其中蕴含的致病微生物要比想象中的多得多。尽管这些细菌可能并不会对健康人的身体造成太大的威胁，但对那些免疫力较弱的人来说，瓶装矿泉水中的细菌可能会造成一定的危险。

3. 喝咖啡有损人体健康。咖啡容易导致体内的钙质流失，但是只要在咖啡中加入牛奶就可以弥补这一不足了。事实上，适量的咖啡对人体是有益处的，它能促使脑细胞兴奋，具有提神的功效。早上起床后如果觉得尚未睡醒，头昏昏沉沉的，那就喝一杯咖啡吧，头脑会立即清醒过来。喝咖啡只要不过度、不上瘾，并加入牛奶再喝，并不会对人体的健康造成损害。

4. 褐色面包就是全麦面包。注意饮食健康的人，却经常被食品的颜色所迷惑：褐色面包被看作是健康和营养价值更高的食品。殊不知那只是面包师烘制面包时添加的食用色素，从而使褐色面包更具有诱人购买的色调。因此褐色面包并不等于全麦面包，购买全麦面包最好看清标识。

5. 黄油面包片比炸薯条更健康。曾几何时，人们都知道快餐中的炸薯条热量大，转而选择看起来更健康的面包片。但是为了让面包片的味道更好，很多人在吃的时候都会抹上黄油。其实，抹上黄油的面包片和炸薯条相比，两者的油脂含量区别极小，它们含有的淀粉、蛋白质和矿物质也几乎完全相同。而且相对来说，炸薯条所含的维生素C更丰富，所以黄油面包片并不比炸薯条更健康。

6. 葡萄糖能使人保持极佳的状态。虽然葡萄糖快速提供的"闪电能量"可以使人短时间内头脑清醒、精神饱满，但这种能量会很快地被消耗掉，人甚至会感觉到比以前更饥饿。

7．未喷农药的水果不用洗。即使是绿色水果，吃之前也要用水仔细地清洗干净。水果果皮上的微生物是肉眼看不见的，倘若水果不洗干净就吃，就容易受到细菌的感染。

8．甜味剂有助于减肥。很多人都知道吃糖容易发胖，所以误以为用甜味剂来代替糖分就可以帮助减肥了。但研究表明，所有甜味剂（尤指糖精）均会加速胰岛素的分泌，其结果是让人对糖更依赖。

9．沙拉对人体健康极为有益。大概是因为沙拉所含热量低，因此为许多人所青睐。沙拉所含的水分多达80%，但实际上人体从沙拉中所摄取的养分也是很低的，不仅如此，大部分的女性并不宜吃太多的沙拉。因为通常女性的体质都偏冷，吃太多沙拉容易造成新陈代谢较差，血液循环不好，经期不顺，皮肤没有光泽，甚至产生皱纹。此外，许多蔬菜的硝酸盐含量也都较高，这主要来源于种植蔬菜的肥料，其潜在危险不可小视。

10．晚上吃东西会毁了好身材。如果这个观点是正确的，那么地球上99%的人都会发胖。事实上，只有当你晚上吃得过多、过饱时才会发胖。如果晚上不摄入过多食物，就不会产生超重的问题。但是要注意，进食太晚，或是有吃夜宵的习惯，确实会加重胃的负担，很容易导致睡眠障碍。

11．黄油比人造黄油热量高。黄油和人造黄油所含的热量是相同的。事实上，某些人造黄油制品所含热量不但不比普通黄油低，而且其反式脂肪酸含量更高，更容易导致体内"坏"胆固醇水平的升高！

12．深色鸡蛋比浅色鸡蛋营养价值高。"深色"往往是健康和营养价值高的代名词，但鸡蛋壳的颜色只与母鸡的品种有关。鸡蛋营养价值的高低完全取决于母鸡的健康状况以及每日所喂食饲料的质量。

13．热带水果中的酶有助于瘦身。事实上，热带水果所含的酶，具有支持蛋白质消化的功能，能使食物更好地为人体吸收，但身体的脂肪却不会被燃烧掉。因此，瘦身不能靠酶来实现。

14．蜂蜜的热量低，有助于减肥。事实上，100克蜂蜜含有1268焦耳的热量，100克糖含有1670焦耳的热量，前者的热量仅略低于后者。不过，在钾、锌和铜的含量方面，蜂蜜的营养价值比糖高。

15．吃马铃薯容易发胖。很多人都把马铃薯当成容易发胖的食物，其实不然。马铃薯含有淀粉，但是它们的含水量高达70%以上，真正的淀粉含量不过20%，其中还含有能够产生饱胀感的膳食纤维，所以用它来代替主食不但不容易发胖，还有减肥的效果。马铃薯之所以被人们看作是容易发胖的食品，完全是因为传统的烹饪方法不当，把好端端的马铃薯做成炸薯条、炸薯片。一只中等大小的不放油的烤马铃薯仅含几千卡热量，而做成炸薯条后所含的热量能高达837千焦耳（200千卡）以上。令人发胖的不是马铃薯本身，而是它吸收的油脂，做过土豆烧牛肉的人都知道，马铃薯的吸油力是很强的。

16. 红糖比白糖更有益。红糖和白糖都是由甘蔗或甜菜提取出来的，红糖的制作工艺较白糖稍微简单一些，其中所含的葡萄糖和纤维素也较多，而且释放能量较快，吸收利用率也更高。但是，红糖所含的糖分、热量几乎和白糖一样。而且，红糖的味道不如白糖那么甜，人们在喝茶和咖啡时自然而然就会多放些，所以其实红糖有时候比白糖更危险。

17. 蔬菜生吃更健康。不少蔬菜生吃确实更健康，因为那样能更好地保留其中的营养。但生吃并不适合所有的蔬菜，如马铃薯、豆角和茄子等含有有毒的物质，务必烹饪煮熟后才能食用；胡萝卜含有丰富的维生素A，但人体只有在吃胡萝卜的同时摄入脂肪，才能从中获取足够的维生素A。

18. 喝酒可以暖身。饮一杯酒之后虽然人会感到周身暖和，但这仅仅是一种错觉，人的体温实际上不升反降了。因为皮肤下的微细血管因饮酒而迅速扩张，血液由于表面扩大而较快地降温，体温也因而下降。

对糖、脂肪及油炸食物的认识误区

为了健康，人们往往将糖、脂肪及油炸食物作为营养禁忌，但实际上这些食物也不是要完全不吃。

误区1 / **吃糖总是不利于健康** 事实上食糖是厨房必备之物，在健康食物中发挥平衡调味作用。蜂蜜等"自然甜味剂"其实是精制糖，在人体中具有同样的代谢方式。营养专家表示，底线是吃糖不过量，食糖热量不应超过食物总热量的10%。

误区2 / **吃鸡蛋升高胆固醇水平** 事实上，鸡蛋中的饱和脂肪含量相对很少，一只大鸡蛋只含约1.5克饱和脂肪。不吃鸡蛋是不明智之举，因为鸡蛋还是13种维生素和矿物质的重要来源。

误区3 / 所有饱和脂肪都会增加胆固醇 事实上，可可粉、奶制品、禽类及棕榈油和椰子油中的自然饱和脂肪酸非但不会增加血液中的坏胆固醇，反而会提高好胆固醇水平。

误区4 / 唯一有益心脏的酒水是红葡萄酒 事实上，啤酒、葡萄酒和白酒都具有相同的健康功效。哈佛大学研究表明，任何酒精饮料，只要饮用适度（每天1~2杯），就有助于减少心脏病风险。

误区5 / 煮菜加食盐，蔬菜含盐多 事实上，煮菜时加点盐其实可以减少蔬菜在烹调过程中的营养流失。每杯水中可加入1茶匙食盐，蔬菜吸入的盐分其实很少。

误区6 / 油炸食物总是脂肪太多 事实上，健康油炸食物例外。最佳油炸温度是180℃。油温过低会导致食物吸入更多脂肪，食物炸好后，最好在纸巾上放置1~2分钟之后再食用。

误区7 / 食物纤维素摄入越多越好 事实上，并非所有食物纤维都具有同等功效，一定要注意食物纤维素来源。比如，麦麸有助于促进消化和排便，燕麦麦麸降低胆固醇，菊粉有益肠道细菌等。但人造纤维食品最好不要多吃，因为其功效远不如来自全谷物食物、蔬菜、水果和豆类的自然纤维。

误区8 / 吃鸡肉一定要去皮 事实上，吃带皮鸡胸并不会增加饱和脂肪。吃烤鸡时一半的快感来自其金黄色脆皮的油腻口感。最新研究发现，与去皮去骨鸡肉相比，一块约340克连皮带骨的鸡胸，只含2.5克饱和脂肪。

误区9 / 有机食物比传统食物更营养 事实上，英国最新研究发现，传统作物与有机作物在营养方面没有明显区别。当然传统作物在食用之前应该特别注意农药残留问题。

误区10 / 食用油加热会破坏其健康功效 事实上，即使是精炼初榨橄榄油也不会因为油温稍高而丧失营养。有益心脏健康的单不饱和脂肪酸的作用不会因为油温的改变而受损。橄榄油中其他有益健康的成分也不会在加热中流失。只要保证油不冒烟（约200℃）就没问题。

红酒对健康的益处只是酒商们的一厢情愿

　　红酒对人体有什么好处？相信大多数人会说出一大串好来：红酒能抗衰老；能软化血管，对心血管病人有好处；能美容；能减肥……确实，目前在许多人的心里，红酒似乎已经不能算是一种酒了，更像是一种养生保健品。然而，正当我们在酒桌上灌下一瓶瓶红酒的时候，2012年1月，大洋彼岸的美国，掀起了一场针对红酒养生的质疑。美国《纽约时报》等披露说，"红酒抗衰老"学说的顶尖研究者，其学术论文多处造假。哥伦比亚广播公司也报道说，许多红酒研究结论被打上问号，红酒对健康的益处也许只是酒商们的"一厢情愿"。

红酒养生的说法来源于国外

　　1992年，美国哥伦比亚广播公司在《60分钟时事》栏目中，播出一期电视节目《法兰西之谜》，他们根据世界卫生组织（WHO）完成的"心血管疾病发生趋势监测计划"研究报告，将法国人最爱吃高脂肪食物，但心血管疾病的发病率却全球最低，归结为法国人爱喝葡萄酒。"喝红酒能减少心血管病"，由这期节目传递出的概念不断膨胀，美国的葡萄酒消费迅速增长，年销量从1991年的1.25亿箱，增加到2006年的2.831亿箱，大约相当于平均每人一年内喝掉了1箱（12瓶）。另外，法国里昂一项与心脏病膳食相关的研究结果也提到，与美国心脏病协会标准膳食组相比，地中海式饮食区域的心血管病死亡率要低76%。当然，整体饮食结构的合理，是法国人心血管病死亡率低的前提，但大家都猜测其中红葡萄酒是否功不可没。

2006年《自然》的一篇论文称红酒中的白藜芦醇可使哺乳动物增寿

　　不过在2006年之前，喝红酒对人体有益的说法，更多的只是一种猜测或推测，并无研究实证。2006年11月1日，美国《自然》杂志报道了一篇学术论文，说哈佛大学医学院与美国国家卫生研究院（NIH）的研究小组发现，红酒中的白藜芦醇，能激活细胞中的长寿蛋白（sirtuins），促进其活性和再生，从而延长了实验鼠的寿命。研究小组负责人、哈佛大学医学院的David Sinclair教授和其他27位研究人员称，白藜芦醇可降低因摄取高脂肪、高热量食物给人体带来的副作用，比如肥胖症，以及肥胖并发的心脏病、糖尿病的发病几率。

白藜芦醇存在于葡萄皮、花生、桑葚等72种植物中，在葡萄中的含量是最高的。它是葡萄藤为了抵御霉菌入侵而产生的一种植物抗毒素。吃葡萄肉吸收不了白藜芦醇，吃葡萄皮也没有用，因为白藜芦醇不溶于水，无法被人体吸收。但它溶于酒精，按传统方式带皮酿造的红酒，葡萄皮里的白藜芦醇在酿造过程中被逐渐产生的酒精所溶解（由于白葡萄酒多去皮酿造，故一般都不含有白藜芦醇）。此前，已有研究发现，白藜芦醇能够延长酵母、蠕虫、鱼和果蝇的寿命，而发现这种物质对哺乳动物也有"增寿"的作用，还是首次。哈佛大学的这项研究结果发表后，引起了消费者的极大兴趣，据尼尔森市场调研公司的调查，研究报告发布后的4周内，红酒销量比往年同期增长8.3%，"涨幅远远超过预计"，红酒厂商们也趁机大肆宣传，"喝红酒，抗衰老"之类的说法在全球迅速流传开来。这项研究结果也引起了同行的极大关注，美国国内有了更多的小组开始研究红酒的健康益处，其中的代表人物便是康涅狄格州立大学心血管研究中心的Dipak K.Das教授。

红酒顶尖研究者的26篇论文有145处造假

Das教授是心血管专家，近年来因发表了白藜芦醇可帮助小白鼠预防心脏病、延长其寿命等研究结果，而逐渐知名，被誉为当今美国红酒研究的顶尖学者之一。但其光环止于2012年年初。

2012年1月11日，《纽约时报》、哥伦比亚广播公司等多家美国媒体曝光称，康涅狄格州立大学已于当天对学校心血管中心的Dipak K. Das教授提出控诉，原因是Das教授在11份学术期刊上发表的26篇论文都存在造假行为，这些论文多数都与白藜芦醇有关。其实学校对Das教授的调查早在2009年就开始了，当时学校收到了一封匿名举报信，揭示Das教授论文中的许多数据造假。学校随之成立了专门的审查委员会，最终上交了60页的调查报告，列举了Das教授论文中的145处捏造和歪曲的数据。在噤声了近一个星期后，Das教授对外辩解，说自己的研究本没有问题，是研究小组里有人故意陷害他，偷偷进入他的电脑，篡改了数据。但他的这一辩解，并没有获得学校及外界的认可。

华盛顿生命科学研究中心的高级研究主任、长寿专家Alex Schauss教授是Das教授论文造假官方调查组的成员，他并不相信Das的说法："Das的解释前后矛盾，如果他真知道团队内有人要陷害自己，之前怎么不采取行动？只是最让我不解的是，Das教授是圈内顶尖的红酒及白藜芦醇专家，在大学内任期很长，何必冒这么大的风险来做假报告？"康涅狄格州立大学已准备将Das解雇。

与红酒厂商有利益互动，论文才造假

不过《纽约时报》给了调查组另一个提示——这次案件更大的意义在于揭示了一个关于研究经费的疑点。《纽约时报》说，美国现在的学术研究经费非常紧张，但就在许多主持高质量研究的高资格研究者们，正不断抱怨难以申领到联邦拨款时，Das教授却总能轻松得到大笔资金。《纽约时报》更称，许多酒类工业与许多学术研究中心之间存在着经济关系，他们为这些学术中心提供研究、学生培训的费用，并对其研究结果进行推广。Das教授所在的康涅狄格州立大学已表示，会于近日将联邦政府新拨的两笔共计89万美元的研究经费如数退还。

最先发表"红酒增寿论"的哈佛专家坚称自己的研究没问题

这次论文造假曝光会不会对红酒健康益处研究领域产生冲击？据国外媒体报道说，其他研究者们仍然表示信心满满。最先发表"红酒增寿"研究报告的哈佛医学院的David Sinclair教授率先表态："我不认为这次事件会对我们的研究产生什么重大的影响，这是他的个人事件。而且，虽然他的研究中有假数据，但我们仍有大量实验材料可证明白藜芦醇能帮助白鼠预防大量疾病，像Ⅱ型糖尿病、神经退化性疾病、脂肪肝等，这些毋庸置疑。"

不过与2006年不同，这次公众似乎并不再一味相信红酒专家的说法。哥伦比亚广播公司总结说："伴随康涅狄格州立大学一位顶尖红酒研究者在论文中造假145次被曝光后，许多红酒研究结论都被打上问号。也许红酒对健康的益处只是酒商们的一厢情愿？"

红酒增寿研究结论不足信

国内心血管病专家对国外的这场红酒争论怎么看？浙江省心血管诊治重点

实验室主任、浙江大学医学院附属第二医院院长王建安说，我们国内在红酒对心血管疾病的益处方面只做过一些小样本的研究，设计不太严谨，结果说明不了问题，而目前国内主流的研究者也几乎未涉猎。至于哈佛大学Sinclair教授坚持的红酒在老鼠实验中成功的疾病预防作用，王院长认为这还不足以将这些功效推导到人类："要证明对人类确实有效，一般要走三个实验步骤——小白鼠、大动物和人。许多小白鼠实验成功的药物对人体都是根本没用的。"

迄今为止的红酒增寿实验都是存在争议的：第一，实验用的小鼠数量太少，样本不够大，存在偶然性可能；第二，实验用的小鼠是在开始吃高热量食物的同时服用白藜芦醇的，等价要求的话，应用到人类也只适用于同样饮食习惯的人，而且要尽早开始，按照现在儿童期就开始摄入高热量食物的大趋势来看，中青年开始再喝葡萄酒可能已经没有效果；第三，白鼠的实验不能直接类推到人，人类临床实验结果出来之前，一切都是猜测；第四，实验中白鼠喂饲的白藜芦醇剂量非常大，平均每千克体重24微克，而红酒中白藜芦醇的含量为每升1.5～3微克，也就是说，一个68kg的成年人每天需要喝750～1500瓶红酒才能达到这样的剂量水平，这不仅不现实，而且显然弊大于利。

本来不喝的不要去喝，已经在喝的也尽量少喝

浙江大学医学院附属第一医院心血管内科副主任、主任医师郑良荣说，目前国内外的心血管学术领域都没有关于红酒益处的确切论点，只有美国心脏协会（AHA）曾建议，少量饮酒对心脑血管有益。

"但是，美国心脏协会只是说少量饮酒，并没有说饮红酒，现在学术界对于红酒与其他酒类之间有无差异仍存在较大争议。"郑主任说，确实一些葡萄酒消耗量大的国家，较之其他酒类消耗量大的国家，心血管疾病发生率要低许多，这是许多人力捧红酒的出发点。但除酒以外，饮食和生活方式等也有相当大的差异，所以红酒有益的论据是不足的。"从医生的角度来讲，我们要确认或推荐一种成分对人类具备某种功效，那它得先经历5年人体临床实验的验证，但现在我们还没有看到相关的人体验证，因此我个人不建议喝红酒来预防心血管疾病。酒，还是要少喝。"

浙江大学医学院附属第二医院院长王建安也说，"我基本不认可红酒对心血管疾病的预防作用。我自己是不怎么喝红酒的，没有应酬的时候基本不喝。"王建安说，即使最后证实红酒对减轻心血管疾病有帮助，也没必要通过饮酒来预

防心血管疾病，毕竟同时会损伤肝。"我的建议始终如一，要健康长寿就戒烟、戒酒，本来就不喝的不要去喝红酒了，已经在喝的也可尽量少喝。"

红酒养颜靠不靠谱

红酒养颜也是一种非常流行的说法，靠不靠谱呢？"国内还没有相关的研究，"杭州市中医院皮肤科主任陶承军说，"皮肤方面的研究与心血管科不同，许多都难以量化，特别是美容养颜方面的，很多市面上流传的养颜作用都是商家的概念化炒作，即使做过实验也不太靠谱，不是严谨的多中心双盲对照实验。"

陶主任说，红酒中确实存在多种抗氧化物质，如白藜芦醇、花青素、槲皮酮、儿茶酚等，这都属于多酚类抗氧化物质。但人体是不能直接吸收多酚类抗氧化物质的，而要先在体内转化，所以我们一般称多酚类物质的抗氧化作用是间接的。"如果要说美容，还不如找作用更直接的，像维生素C、维生素E、β-胡萝卜素和SOD等，都具有直接抗氧化作用。我个人建议，与其寄希望于红酒美容，还不如多喝水、多吃新鲜水果吧。"

食物能防辐射吗

在万众关注日本福岛核电站泄漏的时候，那些"防辐射食品"迅速登上舞台，华丽变身，纷纷具有了"防治"核辐射的功能。而那些被宣称为"防治"核辐射的食品，其实就是通常所说的"健康食品"。

在健康领域，食品成分降低"辐射"对于身体损伤的研究还真是不少，不过一般是针对紫外线、X射线这样的辐射，对于核原料放射性还真是不多。有许多食物成分，比如维生素C、维生素E、胡萝卜素、植物中的多酚化合物甚至多糖等，有一些初步的动物实验显示"可能有作用"。只是这些作用一直也没有得到很充分的证实，而且它们本来就是人体需要的常规营养成分——不管能否抗辐射，人体都是需要的，只是吃太多也没有显示出额外的好处来。所以，它们的"抗辐射"功能，也就一直处于"你想它们有，它们就可以有"的状态。

跟核电站泄露有相似之处的辐射就是癌症病人的放疗。在放疗指南中，确实有放疗中和放疗后的饮食注意事项。不过这些饮食指南并不是治疗手段——甚至连"辅助治疗"手段都不是。放疗中和放疗后，人体会受到一些辐射损伤，病人的食欲、吞咽、消化等身体功能会变得与平时不同。这些饮食指南的目标，是帮助病人正常进食，保证充分的营养摄取。

其实公众大可不必恐慌。日本的核反应堆距离他国本土都相当遥远，核辐射的扩散情况完全处在严密监测之下。即使有足够强度的辐射能够扩散到其他地方，人们也有足够的时间来撤离。在目前的经济和技术力量之下，保证被扩散地区的居民及时撤离，和避免被放射性污染的饮食，都不难做到。所以，大家要做的就是：该干吗就干吗，该吃啥还吃啥，关注事态发展就可以了。

神奇灵芝有多"灵"

从"灵芝"这两个字，就可以看出中国古人对它的推崇。可能从中国有医学记载起，它就被当作了"神物"，不仅益寿延年，而且大病小病都有"奇效"，甚至能起死回生。不仅在中国，连日本和韩国也对灵芝推崇备至。在这个信息传播高度发达的年代，灵芝的神奇功效早已漂洋过海传遍八方。

在美国，灵芝就像维生素、矿物质（比如钙、镁、铁等）、天然动植物提取物一样，作为"膳食补充剂"销售。对于这一类的产品，美国食品与药物管理局（FDA）并不要求生产者提供产品有效和安全的证据，而是由生产者自己把握。只有在该产品造成了有害后果的情况下，FDA才会禁止销售。相应地，FDA不允许这一类产品宣称任何疗效——这与是否"真的有效"无关，而是说如果你不能提供可靠的证据证明它有效，就不能说有。

关于灵芝的神奇传说太多了，科学家们自然难以抵挡这些传说的诱惑，希望证明它们的存在。在学术刊物上发表的关于灵芝的研究非常多，尤其是中国、日本、韩国和美国的研究者，对这方面的研究相当热衷。在这些研究中，有很多是提取灵芝的一些成分，用来处理某些特定的细胞或者动物，观察这些成分对于疾病的影响。

　　需要指出的是，目前的这些研究，看起来让我们很兴奋，但距离做出结论说"灵芝或者它的提取物能够治疗某种疾病"还很遥远。这些研究基本上还只是体外的细胞或者动物实验，到了人体内是否还有用？需要多大的量才有用？在有效的剂量下有没有其他不良后果？目前都还缺乏这些研究。实际上，从天然产物中提取有类似功能的成分，在现代科学研究中很普遍。这些成分的来源，比灵芝要便宜多了，比如番茄、大豆、大蒜等。在科学数据面前，来自于这些食物的有效成分和灵芝提取物是完全平等的。如果用一句话来总结目前这些研究结果，就是：灵芝的功效需要并且值得开展进一步的研究，但是现有证据还不足以支持我们做出肯定或者否定它的结论。

　　总的来说，灵芝是一个很有研究价值的东西。对它的研究，不应该是先入为主地认定它有"奇效""没有毒副作用"，然后去找证据来通过一些"考核"。中国古人对它的"经验"，提供了一个很好的"研究素材"。如果我们能够用现代科学的方法，无论是找到、证实或者否定它的种种传说，都是很有意义的事情。在做到这些之前，它无法进入现代医学的殿堂，而只能停留在"替代医学"的层次。种种"神奇"，也只能依靠"信则灵"来支撑。

益生菌如何益生

　　生物学家们已经知道，我们的体内存在着一个巨大的细菌生态群。据估计，总重量大概在1.5千克。它们最集中居住的地方是大肠。一般而言，多数细菌与人体相安无事。有一些能够捣捣乱，代谢产生一些有毒或者有害的物质。还有一些能够为保护它们的"生态环境"做出贡献，比如通过代谢产生一些对人体有益的成分。这些"好细菌"在科学上被称为"probiotic"，中文通常翻译成"益生菌"。科学家们估计细菌种类多达500～1000种，这些细菌的基因组数与人体相当，而基因总数则可能是人体的100倍以上。这个生态系统不仅个体数目庞大，而且还处在永不停息的更新换代之中。与益生菌针锋相对的就是致病细菌，只要它们进入人体，突破了人体的防御抵抗体系，人体生态就会被打破，导致人体出现疾病，最坏的情况下甚至死亡。补充益生菌，对于抵御致病菌的侵袭可起到很大作用。

人类最早认识益生菌是在一百多年前，俄国免疫学家梅哥尼科夫注意到保加利亚的农民比较健康长寿。他把原因归结于他们所食用的发酵牛奶中含有的活细菌，这就是益生菌概念的产生。随后的一百多年中，科学研究逐渐认可了这个概念，认为补充足够数量、适当种类的活细菌，有助于人类增强免疫力、抵抗细菌感染等。对于益生菌的研究，也越来越受到关注。令人欣慰的是它至今几乎没有副作用的报道；而遗憾的是，如何使益生菌真正可靠地造福人类，却还任重道远。

益生菌一般来自人体排泄物，也有部分从其他生物中取得，经过安全性试验，不会引起人类致病，同时DNA分析其不会携带抗生素抗性基因，因此不用担心致病菌突变体对抗生素的免疫，通过体外和体内试验检验其对人体有效之后才能商业化生产。目前市面上很多酸奶产品备注含有益生菌，但是却跳过了该种益生菌在何种条件下发挥何种功效，也就是说吃进去的是益生菌，但是有没有用，消费者是毫不知情的。

从科学的原理和目前的临床研究来说，益生菌的概念是可行的。但是，基于目前人类对于益生菌的认识水平和商业生产能力，益生菌产品能否实现所宣称的功能是很难保证的事情。因此，消费者选购时也一定不要盲从，不要放大益生菌产品的功效，要科学地认识益生菌。

别被"益生元"欺骗

前面已介绍了"益生菌"，那么"益生元"到底是什么东西？它与益生菌又有什么关系呢？吃进去对人体功效如何？

补充益生菌的思路是直接吃进活的细菌，类似于空投一些"好细菌"来抑制"坏细菌"。而补充益生元的思路则是，通过提供好细菌喜欢的食物来扶持它们，从而压制坏细菌。能够实现这样功能的食品成分就被称为"prebiotic"，一般翻译成"益生元"。益生元不是一种特定的食物成分，而是所有能够实现类似功能的食物成分的总称。它的精确含义在学术界还有不完全相同的理解，不过基本特征都有：这种食物成分必须能完好地到达大肠，也就是说不能被人体消化吸收；它不仅能被"好细菌"代谢利用，还得不能被"坏细菌"利用；好细菌代谢利用它之后，必须为人体带来明确的好处。

在过去的十几年中，学术界和工业界投入了巨大的人力财力来寻找这样的东西。迄今为止，比较公认的满足益生元要求的有三种：菊糖（inulin）、低聚果糖（FOS）和低聚半乳糖（GOS）。它们存在于一些常规食品之中，不过含量高低不等。还有许多其他的可溶性膳食纤维和低聚糖也在某些方面满足益生元的要求，不过总体来说证据还不够充分和完善。这样的东西，也是"健康食品"，不过还不能称为益生元。

益生元产品能够进入市场，甚至是非常敏感的婴儿配方奶或者儿童食品市场，重要的原因是这些食品成分本就有着长期的食用历史，因而安全性很容易得到肯定。成为益生元，只是它们的"健康功能"得到了额外的验证而已。但对于消费者来说，在混乱的市场，"益生元"是一个概念，而不是一种具体的产品。在中国，人们往往把益生元这一类的食品当作儿童甚至婴幼儿的保健品。实际上，就它们的功能来说，对各个年龄段的人群都有意义。需要明白的是，它们只是食品，对于身体健康能够有一定帮助，但是不能指望它们来治病、防病。当你面对一种号称"益生元"的具体商品时，自己很难知道它是否真就是益生元。消费者在选购时必须谨慎。

醋和醋泡食品有营养吗

按我国的食品标准GB 18187—2000《酿造食醋》和GB 2719—2003《食醋卫生标准》，市售食醋一般分为酿造醋和勾兑醋（配制醋）两类。酿造醋，即以粮食、麸皮、豆类等为主要原料，经发酵工艺酿造而成。勾兑醋，即以酿造食醋与稀释后的食用醋酸混合配制而成的调味醋。某些白醋产品也有酿造和配制之分，前者是食用酒精发酵而成的，后者是由食用冰醋酸加水、糖和香精等配制成的。

酿造醋的营养价值比较高，这是因为酿造醋的主要原料之一是麸皮，其中富含多种B族维生素和矿物质，还加入了粮食，甚至豌豆等豆类，因此纯酿造醋中除了醋酸，还含有可溶性糖、氨基酸、钙、铁、锌、多种B族维生素。比如说，优质陈醋中钙和B族维生素的含量堪与牛奶相媲美，而铁、锌的含量高于普通粮食和豆类。每天吃2~3汤匙（1汤匙约10克）好醋，对于营养素的供应不无裨益。

醋和其他食物一起食用，有利于食物中钙、镁、铁、锌等原本呈不溶性状态存在的矿物质营养溶出，形成醋酸盐，使其更容易被人体吸收。山西居民，特别是居住山区的居民，因当地农产品物产所限，蔬菜水果食用量不足，维生素C和水果中的有机酸摄入量较小，醋酸对于帮助矿物质的吸收可能会起到重要的作用。同时，醋的酸性有利于保护食物中的B族维生素，对于平日以精白米、精白面粉为食的人来说，烹调中经常加些醋，除了增加醋本身所含的营养成分之外，对于其他食物中的营养素保存也是有帮助的。

如果在酿造醋中加入少量食用醋酸配成勾兑醋，对人体并无毒性。但醋酸本身不含营养成分，所以纯的勾兑醋几乎没有营养价值，部分勾兑的醋营养价值有下降。没有SC标志的勾兑醋不能进入超市销售，主要是在餐饮小摊上使用。这类产品含酿造食醋的比例很低，其质量是难以保证的。

常有人传说，醋泡食物可以保健，可以治病。醋泡黄豆、醋泡黑豆、醋泡花生、醋泡鸡蛋……醋好像就是灵丹妙药一样。到底这些说法是否靠谱呢？先说说泡鸡蛋。鸡蛋壳由碳酸钙构成，它质地疏松，非常容易和醋当中的醋酸发生化学反应，形成醋酸钙，放出二氧化碳。醋酸相对分子质量为60，按含醋酸4.5%计算，1000毫升醋中，含醋酸0.75摩尔，可以与0.375摩尔的钙离子反应，也就是15克的钙。如此计算，100毫升的醋中，理论上最多可溶出1500毫克的钙。这个数值，还是不可忽视的。

每天若喝30毫升这种蛋壳醋（3汤匙），即可获得450毫克的钙，相当于一天钙适宜摄入量（800毫克）的一半还要多。即便因为醋中不是纯醋酸而打点折扣，毕竟钙含量还是很高的。有关醋酸钙的补钙效果，国内外都较为认可，故而醋泡鸡蛋补钙一说，对于膳食中确实缺钙的人来说，并非虚言，至少比喝骨头汤补钙的说法靠谱得多。但需要特别注意的是，鸡蛋壳上可能污染沙门菌，煮过或烤过的蛋壳才可以考虑利用，否则安全性难以保证。

醋泡黑豆的说法呢，也有一定的化学基础。黑豆表皮中含有花青素，它们适合用酸来提取。把大量黑豆泡在醋里，醋便溶入了花青素。喝这种醋，对于补充抗氧化物质来说，可能有一定的效果。

醋酸和乳酸都有延缓餐后血糖上升的作用，生豆、生花生中的抗营养物质，如植酸、单宁、皂苷、凝集素等，如果和泡豆的醋一起吃下去，对于控制血糖和血脂，可能有一些帮助。但是，醋泡黄豆和醋泡黑豆是否能像人们说的那样神奇，对慢性病等有显著疗效？因为没有研究证据，建议这些传说还是不要轻信为好，不能用这些"偏方"来替代正规治疗和膳食营养调整。特别是胃肠功能较弱或有相关疾病的人，吃这些醋泡豆偏方时应十分慎重，避免发生不适，加重病情。

 # 科学认识身体"酸化"

每个人要知道自己的身体是酸是碱，就要弄清楚自己的pH。通常用pH来衡量体液的酸碱度。pH是溶液中氢离子浓度指数的数值，一般在0 ~ 14之间，当pH为7时溶液为中性，小于7时为酸性，值越小，酸性越强；大于7时呈碱性，值越大，碱性越强。人体在正常生理状态下，血液的pH精确保持在7.35 ~ 7.45，为弱碱性。这个pH是人体细胞完成生理功能的最佳酸碱度，少一分或者多一分都不行。人体酸碱平衡非常重要，如果人体血液pH低于7.35，会发生酸中毒，而pH高于7.45则是碱中毒。无论酸中毒或者碱中毒，严重时都会有生命危险。

身体"酸化"其实挺难。"据统计，国内70%的人都是酸性体质"，听到这样的消息总有人会担忧，是不是身体不好。其实，身体"酸化"挺难。我们的身体有着精巧复杂的设计，从消化系统到排泄系统，再到呼吸系统都精密地控制着酸碱平衡，变酸可不是容易的事。在正常生理状态下，人体酸碱失衡并不容易发生。一旦体液pH低于7.35，已经属于酸中毒了，意味着患上了非常严重的疾病。酸中毒早期常表现为食欲不振、恶心、呕吐、腹痛等症状，进一步发展可表现为嗜睡、烦躁不安、精神不振，以致昏迷死亡。因此，即使酸中毒，身体也会拉响警报。酸中毒一般是某种疾病的并发症，病因也复杂多样。比如代谢性酸中毒可由腹膜炎、休克、高热、腹泻、肠瘘、急性肾功能衰竭等引起，而呼吸性酸中毒则可由脑膜炎、血栓、脊髓灰质炎、支气管哮喘以及广泛性肺疾病引起，另外糖尿病酮症酸中毒也是一种比较常见的糖尿病急性代谢并发症。如果你没有这些严重的疾病，不用担心自己是"酸性体质"，更没必要天天举着"家用人体酸碱仪"来自检。

吃出来的酸碱平衡。虽然我们的身体能自我调节严格控制体液酸碱度，只有在严重的病理条件下才会真正"变酸"，不过我们也要在饮食上多多注意，维持良性健康的酸碱平衡。

平时吃的肉类、蛋类、海鲜等荤食富含蛋白质，而蛋白质在体内经过消化分解后产生酸性代谢物，还有大米、土豆、酒、甜食等含有淀粉和糖的食物消化分解后产物也是酸性，因此这些食物都属于酸性食物。蔬菜和水果，虽然很多味道是酸滋滋的，但是这些植物性食物在体内分解后生成碱性物质，所以属于碱性食物。

营养学的研究表明，如果日常摄入大量的酸性食物，酸性代谢物增多，确实会影响人体的酸碱平衡。但是，我们的身体是不会因为某天多吃了一斤猪肉就轻易变酸的，因为经过各个器官的层层把关和配合，体液的pH会保持在恒定范围内。长期的、大量的、单一的摄入酸性食物，会加重肾脏的负荷，并且随着年龄的增长减弱肾脏排泄酸性代谢物的能力，最终影响酸碱代谢平衡。所以，平时多吃碱性食物，也就是蔬菜和水果，对身体多有裨益。尤其是患有心血管疾病、糖尿病的老年人，更需要注意膳食搭配，因为血栓和糖尿病都有引起酸中毒的潜在危险。

为了防酸中毒，市场总会有些碱性保健品，它们的主要成分一般就是几丁聚糖，其实它并没有宣传的减肥，降低血脂、血压、血糖，提高免疫力等功能，就连基本的改善"酸性体质"也缺乏科学证据。而那些打着纯天然提取的碱性物质安全旗号产品，当消费者选购时，其实可以选择最简单的水果、蔬菜来替代，更加天然，生物利用率也高，价格当然更贴近消费者水平。这些未经任何检验证明的保健品，效果更像安慰剂，只在于你信不信。

消费者不必恐惧食品添加剂

GB 2760—2014《食品添加剂使用标准》对食品的添加剂定义：食品添加剂，指为改善食品品质和色、香、味，以及为防腐、保鲜和加工工艺的需要而加入食品中的人工合成或者天然物质，食品用香料、胶基糖果中基础剂物质、食品工业用加工助剂也包括在内。

联合国粮农组织（FAO）和世界卫生组织（WHO）联合食品法规委员会对食品添加剂的定义为：食品添加剂是有意识地少量添加于食品，以改善食品的外观、风味和组织结构或贮存性质的非营养物质。

食品添加剂——现代食品工业的灵魂。食品工业被称为朝阳工业。我国食品工业到1995年已经发展成为第一大产业，近十多年来一直稳居工业总产值之首。食品添加剂对于推动食品工业的发展发挥着十分重要的作用，被誉为现代食品工业的灵魂。在食品加工制造过程中合理使用食品添加剂，既可以使加工食品色、香、味、形及组织结构俱佳，还能保持和增加食品营养成分，防止食品腐败变质，延长食品保存期，便于食品加工和改进食品加工工艺，提高生产效率。

现在市场上有20000种以上的食品可供消费者选择，尽管这些食品大多通过一定包装及不同加工方法处理，但在生产过程中都不同程度地添加了着色、增香、调味或其他食品添加剂。正是这些众多的食品，尤其是方便食品的供应，给人们的生活和工作带来了极大的方便。随着我国综合国力的迅速提高和科学技术的不断进步，我国食品工业快速发展，加工食品所占比重成倍增加，种类花色日益繁多，食品添加剂也随之变得越来越多，人们对食品添加剂给食品安全带来的问题也越来越关注。

中国工程院院士、北京工商大学副校长孙宝国认为，食品添加剂正在被妖魔化，应该为食品添加剂正名，"那些导致毒祸的添加物并非是食品添加剂，人们把违法添加物与食品添加剂的概念混淆了，食品添加剂成了食品安全问题的替罪羊。几乎所有食品中都含有食品添加剂。"食品添加剂不但对身体没有坏处，反而是确保食品安全的物质。"没有食品添加剂就没有食品安全"。有观点将食品添加剂的"滥用"和化学农药、重金属、微生物等常规污染物一起列为食品污染源。这存在很多误区。其实，食品添加剂的使用原理与药物一样，关键在于衡量剂量与效应的对应关系。使用食品添加剂需具备三个条件：第一，必要性。食品加工如果可以不用食品添加剂就不能加。第二，安全性。除了科学实验之外，至少有两个发达国家使用后证明安全可靠的食品添加剂，我国才会给予批准。第三，合法性。食品企业只有使用国家批准的食品添加剂才是合法的行为。

食品添加剂的认识误区

误区1 / 非法添加物=食品添加剂 当前，公众把很多非法添加物误认为是食品添加剂，例如三聚氰胺、苏丹红、孔雀石绿等，引发了人们对于食品安全的恐慌。其实，这些物质都不是批准使用的食品添加剂，而是非法添加物。食品添加剂具有四个特点：第一，这类物质是在食品生产过程中有意加入的；第二，加入的物质要在食品生产加工过程中发挥一定作用；第三，食品添加剂是一些天然或者化学合成的物质；第四，我国实行食品添加剂的允许名单制度，只有列入名单的才是食品添加剂。此外，当今只要食品安全出现问题，往往都会冠以"毒"这个字眼，超范围使用食品添加剂不一定就是"有毒食品"。虽然超量添加属于违法行为，但是否因此就会给消费者的健康造成危害，答案是不一定的，还需要按照科学的评估数据来确定。

误区2 / 食品添加剂不是必需的 "食品添加剂在生产加工过程中发挥着重要的功能和作用"。现在食品加工行业有一句非常流行的话，就是"没有食品添加剂就没有现在的食品工业"。人们都知道糖尿病患者不能吃含糖的食品，但很多人又特别喜欢甜味，许多食品在加工中，常把甜味剂加入到糖尿病人食用的食品中，既无害又能满足糖尿病患者的需求。我们喝的饮料里面，通常会使用乳化剂，可避免食品分层。还有最常见的防腐剂，可以控制食品中的微生物增长，防止食品腐败变质。营养强化剂可以增加食品的营养含量，如奶粉当中加入DHA等。这些例子都说明，食品添加剂在食品生产加工过程中的必要性。

那么，如何保证食品添加剂在食品生产过程中是有必要的？首先，要求生产者提供必要性的支持资料。其次，要有实验性的结果报告，也就是在试生产加工过程中使用食品添加剂，确实证明它能够达到要求的功能目的，同时进行公开征求意见。最后，还要对照其他国家有没有使用这种食品添加剂，从另外一个角度证明，使用食品添加剂的工艺必要性。

误区3 / 所有添加剂都是有害的 食品安全已经成为目前受到最多关注的问题。在食品添加剂的使用过程中，安全性是最重要的要素，也就是说，食品添加剂的使用不能给消费者的身体健康带来任何危害。目前我国可以保证添加剂的使用不会给消费者的健康带来危害。通过研究发现，目前主要的食品安全问题，例如致病微生物、污染物等，远远排在食品添加剂之前。

如何能保证食品添加剂的安全性

食品添加剂都要进行风险评估。首先要进行动物实验，在动物身上找到没有危害作用的最大剂量。通过一定的安全系数，通常采用100倍的安全系数，也就是从动物身上得到的安全结果除以100，由此得到人群每天可以吃多少剂量。这个剂量是指消费者终其一生每天都食用，只要不超过这个数量，就不会带来任何健康危害。其次还要评估每天可能摄入多少食品添加剂，这涉及两个方面：一方面要计算吃的哪些食品当中含有食品添加剂，另一方面要考虑吃的食品当中添加剂的含量是多少。通过这两方面的数据，就可以得到每天可能吃进多少食品添加剂。之后再与这个门槛进行比较，如果每天吃的量不超过允许吃的门槛，就是安全的。

我国对于食品添加剂的管理非常严格。第一，需要政府审批，包括两个方面，添加剂执行允许使用名单制度，进入名单必须经过行政许可，证明其安全性和工艺必要性，才能作为食品添加剂使用。同时，在我国生产食品添加剂要取得生产许可证，只有有资质的企业才能生产食品添加剂。第二，制定标准。将已批准的食品添加剂、哪些能够使用、使用的量有多少、基于怎样的基本原则使用等在标准中都做出明确规定。第三，对添加剂的管理执行允许名单制度，且是动态名单。不是纳入名单以后就置之不理，而是还要进行再评估制度。企业需要按照法律法规合理使用食品添加剂。

水果催熟剂不等于儿童催熟剂

水果本来应当在充分成熟之后才采摘下来，吃自然成熟的水果是最为美味的。不过遗憾的是，一旦水果完全成熟，就会质地变软，很难长途运输，而且极其容易腐烂。比如说，已经变黄成熟的香蕉，即便放在家里不动，贮藏期也只有三四天时间，要装箱长途运输，必然被压烂变质。可是，当全国人民都想要吃海南所产的香蕉，供应给全国各地，要运输三四千公里的距离，如果等到香蕉成熟之后再采摘，显然是不可能的。可是生的香蕉口感太硬，而且十分涩口，难以下咽。所以，运到目的地之后，肯定要等着它变熟。不过，成熟这件事情，不会莫名其妙地发生，它需要一个启动因素，那就是乙烯。

我国古代就已经知道，在屋里燃香，能促进水果的熟化。这正是因为，燃烧时会放出微量的乙烯气体。把水果放在灶台上，也会因为天然气或煤燃烧时产生微量乙烯而提前成熟。在1935年，植物生理学家首次证明，乙烯是一种植物当中天然存在的激素类物质，它的主要作用就是调节植物的成熟和衰老。如果把熟水果和生水果放在一起并用塑料袋密封，生水果就会很快成熟，这正是因为熟水果自己就会放出乙烯。

然而，气体使用起来很难操作，故而人类合成了"乙烯利"这种物质作为催熟剂，它只要溶在水中就会分解，放出乙烯气体，操作起来非常方便。乙烯利的唯一作用就是在水中释放出乙烯气体，作为植物成熟的天然信号。

有人以为水果催熟剂会让孩子提前发育，这完全是一种谣传。使女孩提前发育的激素是雌激素，它是动物中的激素。给水果抹雌激素，对于催熟果实没什么用。所以，少吃香蕉并不能解决提前发育的问题，控制肉类和脂肪摄入量、避免儿童肥胖，对于预防孩子提前发育更有意义。

催熟剂的添加浓度是很低的，而且有效物质是乙烯气体。消费者吃乙烯利处理过的水果对健康不会有影响。因为乙烯利在水中就会分解变成乙烯，多余的乙烯会挥发到空气当中，并不会在水果中残留。世界各国都采用同样的催熟技术，几十年来还从未出现危害健康的案例。而且，基于成本和量效关系考虑，商家也不可能过量添加催熟剂，多余的乙烯会挥发到大气当中，无需忧虑。

"假鸡蛋"真是假的吗

"假鸡蛋"的话题，在最近几年的时间里反反复复被提及，从未消停过，弄得公众在买鸡蛋时都是疑神疑鬼的。杭州市民陈先生曾致电《快报时间》

说，他们家煮熟的鸡蛋黄像皮球一样很有弹性，往桌上一扔能弹起10多厘米高，怀疑自己买到了传说中的"假鸡蛋"。

"这些鸡蛋是在农贸市场买的，一斤4元多，共买了两斤。买回来后，我一直把它放在冰箱冷藏室的蛋格里，大概放了两天时间。"陈先生说，平时买来的鸡蛋煮熟后，蛋黄都是粉质的，一捏就碎，可这次买的鸡蛋，熟蛋黄掉在地上也不会碎，全家人都看傻眼了，谁也不敢吃。

煮熟的蛋黄有弹性就是假鸡蛋吗？研究禽蛋加工30年、浙江大学动物科学学院陈有亮副教授说，这属于正常现象。"冬天天气比较冷，或者冰箱温度开得太低，鸡蛋就容易被冻住，蛋黄出现凝胶化，煮熟以后也就有了弹性。"

按照陈有亮的解释，《好奇实验室》栏目组在农贸市场里买了几个鸡蛋，在冰柜里冻了两天后，煮熟、剥出来的蛋黄确实很有弹性；而没有冰冻过的鸡蛋，煮熟后蛋黄一捏就碎了。"陈先生买到的肯定是真鸡蛋。"陈老师说，蛋黄会弹只是因为冷藏后物理性质发生了变化，口感会略有不同，但不会影响鸡蛋本身的营养价值。

人工合成的假鸡蛋一眼就能辨认真伪

市场上到底有没有假鸡蛋？记者问了杭州农贸市场的禽蛋摊主，都说没有亲眼见过假鸡蛋，其中一位信誓旦旦地说："假鸡蛋根本就不存在，谁说有，你让他拿过来看看。"现在的技术如此发达，人工合成鸡蛋真有那么难吗？记者搜到了一位网友的博客，博文里说，假鸡蛋并不只是个传说，早在几年前他就花钱从别人手上买到了人工合成鸡蛋的技术。这位网友还详细介绍了人工合成鸡蛋的制作流程，并配发了一些图片。

《好奇实验室》栏目依照这位网友提供的教程，栏目备齐了材料：500克海藻酸钠、500克氯化钙、一瓶食用色素、氧化钙和硬脂酸等，一共花了170元。其中，海藻酸钠比较贵，用了120元，其他几样价格都在10元左右。

人工合成鸡蛋的流程是由内而外的

第一步，制作蛋黄和蛋清。首先，用热水稀释海藻酸钠，充分搅拌后，溶解后的海藻酸钠确实和蛋清有几分相似。然后，记者把做好的"蛋清"倒入开了口子的乒乓球内，又加入黄色色素，搅拌均匀，放入稀释后的氯化钙溶液里固化，30分钟后，"蛋黄"成型。

第二步，给蛋黄裹上蛋清。记者把成型的"蛋黄"放入蛋形模具内，再倒入"蛋清"，同样放在稀释后的氯化钙溶液中固化，30分钟后，假鸡蛋就做好了。

从实验结果来看，记者所做的假鸡蛋在造型上就不过关，而且"蛋黄"和"蛋清"都是硬邦邦的。这位网友还说，因为受设备的限制，合成蛋壳的技术存在很大难度。

没有蛋壳的硬鸡蛋，怎么能以假乱真呢。记者在网上又找到了一段视频——中国地质大学材料与化学学院的几位学生，运用自己所学的专业知识成功地合成了假鸡蛋。从视频上看，这个假鸡蛋不但蛋清、蛋黄都很逼真，关键它还有蛋壳。

为了解更多的制作细节，记者联系上了中国地质大学材料与化学学院夏华教授。夏华教授说，做假鸡蛋其实是学生们课余开展的一个科技活动，他是指导老师，虽然从视频上看和真鸡蛋很相似，但如果你亲眼看到这个假鸡蛋，立刻就能判断它的真假。"化工原料不可能和真鸡蛋里的原料一样，包括蛋壳表面的光泽，仅凭肉眼就能识别。""蛋壳上要有气孔，蛋壳膜要粘在蛋壳上，做蛋壳都非常困难，更不用说里面的蛋黄和蛋清了。"夏教授说，依多年的研究看，人工合成鸡蛋几乎是不可能的。

蛋黄的颜色和营养价值关系不大

现在，所谓识别假鸡蛋的招数有很多，比如说，打开鸡蛋，如果蛋黄和蛋清立刻融在一起，这样的鸡蛋就有可能是假鸡蛋。对于这样的传言，浙江大学动物科学学院陈有亮副教授认为是无稽之谈。

"蛋黄和蛋清混在一起，说明鸡蛋放置的时间过长，蛋黄都散开了，我们叫它散黄蛋。"陈有亮说，这样的鸡蛋大家最好别吃，平时一次性购买的鸡蛋不要太多，最好的保存方法还是放在冰箱里。陈有亮老师还提醒大家，每个鸡蛋在蛋黄颜色上都会有一定的差异，这属于正常现象。比如，玉米和青草里面的叶黄素比较多，吃这两种食物比较多的鸡的蛋黄就会更黄一些。"蛋黄颜色的深浅是由色素决定的，和鸡蛋的真假没有关系，跟营养价值关系也不大。"